天上疆域

星图中的故事

李亮 著

人民邮电出版社
北京

图书在版编目（CIP）数据

天上疆域 : 星图中的故事 / 李亮著. -- 北京 : 人民邮电出版社, 2022.2
（启明书系）
ISBN 978-7-115-56305-7

Ⅰ. ①天… Ⅱ. ①李… Ⅲ. ①星图—介绍 Ⅳ. ①P114.4

中国版本图书馆CIP数据核字(2021)第146309号

◆ 著　　　李　亮
责任编辑　刘　朋
责任印制　陈　犇

◆ 人民邮电出版社出版发行　北京市丰台区成寿寺路 11 号
邮编　100164　电子邮件　315@ptpress.com.cn
网址　https://www.ptpress.com.cn
涿州市般润文化传播有限公司印刷

◆ 开本：720×960　1/16
印张：13.5　　2022 年 2 月第 1 版
字数：202 千字　　2024 年 9 月河北第 6 次印刷

定价：79.90 元

读者服务热线：(010) 81055410　印装质量热线：(010) 81055316
反盗版热线：(010) 81055315
广告经营许可证：京东市监广登字 20170147 号

内容提要

人类在几千年甚至上万年之前便是星空的忠实观测者。人们通过辨识恒星组成的图案，将夜空划分成不同的区域并绘制成星图，以此来描绘天上恒星的分布与排列组合。星图不仅是人们认识和记录星空的一种方式，也是研究和学习天文学的重要工具。此外，它还是天空的一面镜子。多姿多彩的星图不仅使恒星有了确定的方位和坐标，也为天文学增添了诗意和美感，使得整个星空都被艺术化了，具有极高的艺术价值。

不同的文明对于星空有着不同的理解，星图中蕴含着人类无穷的智慧与想象力。同时，伴随着科技的进步，星图的形式、用途和精度也在发生着翻天覆地的变化，这也是人类探索宇宙的一个缩影。如果不从认识星空的角度来思考人类文明的进程，那么我们对科学与文明发展历程的认识终将是一知半解且索然无味。这便是星图带给我们的智慧与美妙之处。那么星图中有哪些浪漫而又神奇的故事在等待着我们呢？本书将让你了解到星座起源与确立的过程，了解不同的星空文化是如何相互交织的，还能让你通过传统星图领略到那些科技与艺术上的融合。

让我们一起走入星图中的故事，探寻星空的壮美与深邃！

序

星图是一个具有永恒魅力的话题，诚如一位佚名歌者吟唱的《星图颂》：

啊，星图！
　你是天界的地图，星座的写真，
　　群星璀璨，辰宿列张。
　你是科学的珍品，艺术的瑰宝，
　　精准奇丽，难以言状。
　你沿着时空的轨线，插着想象的翅膀，
　　启迪孩子们思索宇宙奥秘，
　　为遨游太空指引前进航向。
　你在历史的长河中，览尽秋色春光，
　　用无言的证词，娓娓叙说
　　古老民族仰望苍穹的心灵震撼，
　　今日畴人共探霄汉的硕果辉煌。
啊，星图啊，星图！
　你这令人敬畏的画卷啊，
　　承载着人类文明千秋万代的宏伟篇章！

世界各国用不同文字著述的星图读物五花八门，从纯学术性的专著到通俗的少儿读物，皆不乏其例。那么，为什么还要增添一本我们眼前的《天上疆域：星图中的故事》（以下简称《故事》）呢？

虽然关于星图的故事多得不可胜数，这些故事中从未有人讲过的也很罕见，但是以简练的笔触条分缕析而又平易近人地讲好星图这个大故事，既非易事又不多见。《故事》不仅实现了这一目标，而且其文化内蕴甚至比“星图中的故事”

这个标题的字面含义更为丰厚。

为了更清晰地说明问题，可以先看一下《故事》的架构。《故事》的主体由 9 章构成，大致以时间先后为序。古代星图绘画的是恒星和星座，现代星图则增加了星云、星团和星系。《故事》的第 1 章“天上疆域：88 个星座的由来”介绍星座的来龙去脉，为构筑全书打好了“地基”。

现代的全天 88 个星座体系多半继承自古希腊，但其源头比这更早。与古希腊天文学家划定的 48 个星座对应的观测地点，大致在北纬 36° 附近。处于同一纬度带的美索不达米亚地区，在远比古希腊早得多的年代，生活着文明领跑世界的苏美尔人。有许多线索表明，星座起源的秘密也许就在那里。《故事》的第 2 章“北纬 36 度：星座起源密码”讲述了与此——还有古巴比伦、古埃及等——相关的神话、传说、历史乃至文学作品，考古学则为此提供了种种实证，包括各种年代久远的原始星图。

随着《故事》第 3 章“千古所秘：从天球到星图”的展开，时间线渐渐进入欧洲文艺复兴时期。天球仪成了宫廷珍奇，星图的制作从羊皮纸手抄本逐渐让位于雕版印刷。印刷术对于星图的传播极其重要，而后来居上的凹版印刷——最常见的形式就是铜版印刷——又弥补了雕版印刷分辨率太低的重大缺陷。星图上的神话形象和人物形象惟妙惟肖地反映了彼时彼地的社会风貌和文化观念，书中的大量插图生动地体现了所有这一切。

欧洲在西罗马帝国灭亡后，长期处于分裂状态。在中世纪，科学停滞不前，甚至大幅退步。其时，信奉伊斯兰教的阿拉伯人在中东、北非甚至西班牙建立了庞大的帝国。在阿拔斯王朝第七代哈里发马蒙（公元 9 世纪）的主持下，大量的古希腊著作珍本被译成了阿拉伯文。10 世纪之后，欧洲人又将那些一度失传的古希腊著作从阿拉伯文译成拉丁文再度传播。阿拉伯人还在多地建造了大型天文台，推动了天文学的发展。《故事》的第 4 章“智慧宫：阿拉伯人的星空”讲述了他们的这些业绩，包括天文仪器、著作和星图。

《故事》的第 5 章“疏而不漏：补充北天星图”开始进入望远镜时代。当时热心于“补充北天星图”的但泽天文学家赫维留，在制造望远镜、进行天文观测和绘制星图等方面都是一位很有意思的重要人物，可比作本章的“男一号”。

第 6 章“星空与大海：完善南天星图”从大航海的时代背景出发，阐述天文观测对海洋探险是何等重要，绘制南天星图则渐成迫切需求。英国人哈雷——哈雷彗星即以其名字命名——是率先携带天文望远镜和配套装备前往南半球进行观测的天文学家，他于 1678 年完成了人类历史上的第一份南天星表。18 世纪 50 年代初，法国天文学家拉卡伊基于自己在南非好望角的长时期天文观测，绘制了出色的南天星图。他创立的一批新星座一直沿用至今。

绘有精美绝伦的星座神话形象，是古典星图的一大特色。《故事》的第 7 章“四个约翰：古典星图的巅峰”，介绍名字中均带有“约翰”的 4 位古典星图制作大师以及他们的作品对后世的深远影响。其中问世最晚的《波得星图》（1801 年出版）较前人更注重实用，而不再追求过分的艺术化，它是古典星图的最后一座里程碑。现代星图专注于科学上的精准，彻底摈弃了虚构的星座图案形象。

制作星图，绘制地图，都面临着同一个难题：如何在平面上有效地绘制球面上的真实星空和地理疆域，使它们不致发生明显的变形？《故事》的第 8 章“星空变形记：星图的投影技术”专门介绍解决这一问题的历程和方法，涉及圆柱投影法（1569 年诞生的墨卡托投影）、圆锥投影法（《波得星图》采用的方法）、方位投影法……

至迟在 8 世纪前后，西方黄道十二星座的概念已传入中国。明朝，整个西方星座体系又陆续入华。《故事》的第 9 章“当北斗遇到大熊：西方星座在中国”生动地介绍了这一过程。其中详述的那件 8 面绢制、可辗转开合的“崇祯皇帝的屏风”，由徐光启生前完成星图图样，后由李天经制讫进献皇帝。这是东方世界现存的最大的一幅皇家星图，它既继承了中国传统星图的特色，又融合了欧洲的近代天文成果，对中国星图之承上启下意义重大。

顺便一提，基于大规模的巡天、利用计算机编制、包含海量信息的当代星图，虽非本书重点，但作者还是在全书“尾声”中做了言简意赅的叙说。

《故事》的这种格局使我联想起“红学”与《红楼梦》。《辞海》“红学”条的定义性释文为“研究小说《红楼梦》及相关课题的学科”，表明“红学”不啻研究《红楼梦》小说本身，而且还有众多的相关课题，诸如各种版本的沿革与比较、作者曹雪芹的家世考证、点评者脂砚斋究系何人……与此相仿，《故事》叙说的也远不限于星图中的画面，它还述及望远镜的运用、印刷术的进步、制图投影法的创新……乃至东西方文化的交流等。如此看来，标题“星图中的故事”或可改用“星图及其背后的故事”？

《故事》中穿插的种种文化历史掌故增添了阅读的情趣，选配的图件丰富而精当，此处毋庸赘述。读完全书，或许有人会想：作者对中国古星图的介绍似乎过于惜墨，倘能充分展开，岂非更好？确实，这种想法颇有道理。毕竟，中国古星图作为华夏文明的遗珍，理应为吾人更多地知晓。然而，考虑到《故事》全书的格局，某一论题的呈现又不宜过于倚轻倚重。钟情中国古星图的读者，不妨一读李亮的另一部著作《灿烂星河：中国古代星图》（科学出版社 2021 年 2 月出版）。书中介绍的中国古星图以及深受中国影响的韩国和日本星图共达百余种之多，有些新材料更是首次披露。这对领略中国古人如何认识和理解星空，以及了解中国古代独特的星官和星图文化大有裨益。

最后，自应对本书作者、年届而立不惑之间的科学史家李亮做一简介。李亮是中国科学技术大学科学技术史专业博士、法国巴黎天文台客座教授、德国马普科学技术史研究所访问学者，现为中国科学院自然科学史研究所研究员，科研成果与著译皆丰。他还曾在北京科学中心、国家天文台、中央美术学院等多地做天文学史讲座。具有如此学术背景与经历，他创作《故事》可谓功到自然成。我与李亮的直接交往虽然有限，但他的著作给我留下了美好的印象。近闻《故事》一书的姊妹篇《星座物语：走进诗意的星空》（以下简称《物语》）也将由人民邮电出版社同步推出，真是可喜可贺。《物语》趣味盎然，分为上、下两篇。上篇介绍国际通行的 88 个星座的源流，下篇介绍历史上曾经短暂存在的那些星座，兼及相关天文学家少为人知的某些侧面。

笔者与天文为伍已逾一甲子，今应出版者之约，欣然书此，谨以为序。

卞毓麟，2022 年元月，小寒之日于上海

目录

引言

第 1 章　天上疆域：88 个星座的由来

第 2 章　北纬 36 度：星座起源密码

第 3 章　千古所秘：从天球到星图

第 4 章　智慧宫：阿拉伯人的星空

第 5 章　疏而不漏：补充北天星图

第 6 章　星空与大海：完善南天星图

第 7 章　四个约翰：古典星图的巅峰

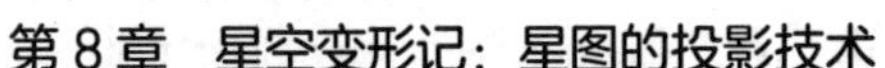

第 8 章　星空变形记：星图的投影技术

第 9 章　当北斗遇到大熊：西方星座在中国

尾声

附录

引言

史前西斯廷壁画

1940 年 9 月 12 日，法国多尔多涅省，一个少年正在与他的爱犬玩耍。他的狗突然掉进了一个洞里，于是这个少年找来三个朋友，并通过一个 15 米深的竖井下到了洞里。他们以为这就是传说中通向附近拉斯科庄园的秘密通道，但眼前的一切使他们大吃一惊。

少年们发现的是拉斯科洞窟，该洞窟后来被称为“史前西斯廷教堂”。这里的洞窟壁画于 1979 年作为韦泽尔峡谷史前遗址的一部分，被联合国教科文组织列入《世界遗产名录》。

拉斯科洞窟。

这是一个巨大的洞窟，洞窟的墙壁和顶上覆盖着600多幅不同的壁画，这些壁画集中在主厅和两个主要洞道中，其中仅主厅的面积就达138平方米。绘画内容以大型动物为主，洞壁上可见大量水平排列的动物形象。它们大多是当时较为典型的动物，如牛、马、鹿、羊、熊等，其外形与旧石器时代晚期的化石基本吻合。

洞窟主厅入口所对的一块崩裂的壁面上，绘有长达5米多的公牛图像，整头牛采用黑线勾出轮廓，头部、腿以及腹部的下沿也都涂有黑色。公牛头部的线描栩栩如生，反映了拉斯科洞窟壁画的最高成就。除了用木炭涂抹出的黑线轮廓外，这些壁画还使用了由彩色土壤及石头研磨调制而成的红色和黄色等颜色的涂料。根据碳14测年法，这些图像大约完成于17000年以前。

拉斯科洞窟壁画将1万多年前在平原上游荡的巨牛形象刻画得惟妙

拉斯科洞窟壁画中的动物形象。

惟肖，它们是世界上最为优秀和古老的史前艺术作品，有些图像还具有某些不寻常的特征。有研究表明，巨大的公牛可能代表了天空中金牛座的一部分。我们可以注意到，在公牛背上还绘制了一个带有6个点的星团，它和昴星团很相似。在现代天文学中，昴星团正是金牛座天区中的一个明亮的疏散星团。另外，公牛似乎正朝着它的前方望去，那儿有一排黑点，也可以解释为猎户座腰带上的几颗亮星。考古学家还发现，夏至时节，落日的余晖也会射进山洞，直接照到公牛的画像上。因此，人们推测洞穴的选择基于天文观测的结果。每逢夏天，当阳光照在主厅的墙壁上时，似乎预示着一场“星光秀”即将开始。除公牛画像外，绘制于大厅墙壁左边的被称为独角兽的怪兽也被认为和今天的摩羯座有关。如果真是这样的话，这里无疑会成为人类认识星空和创造星座的最早遗迹之一。

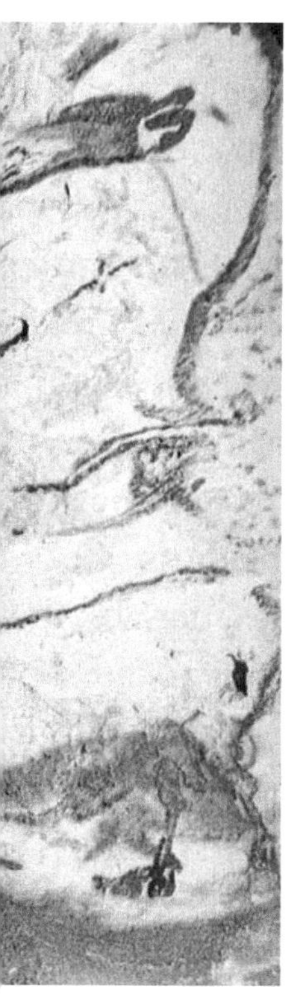

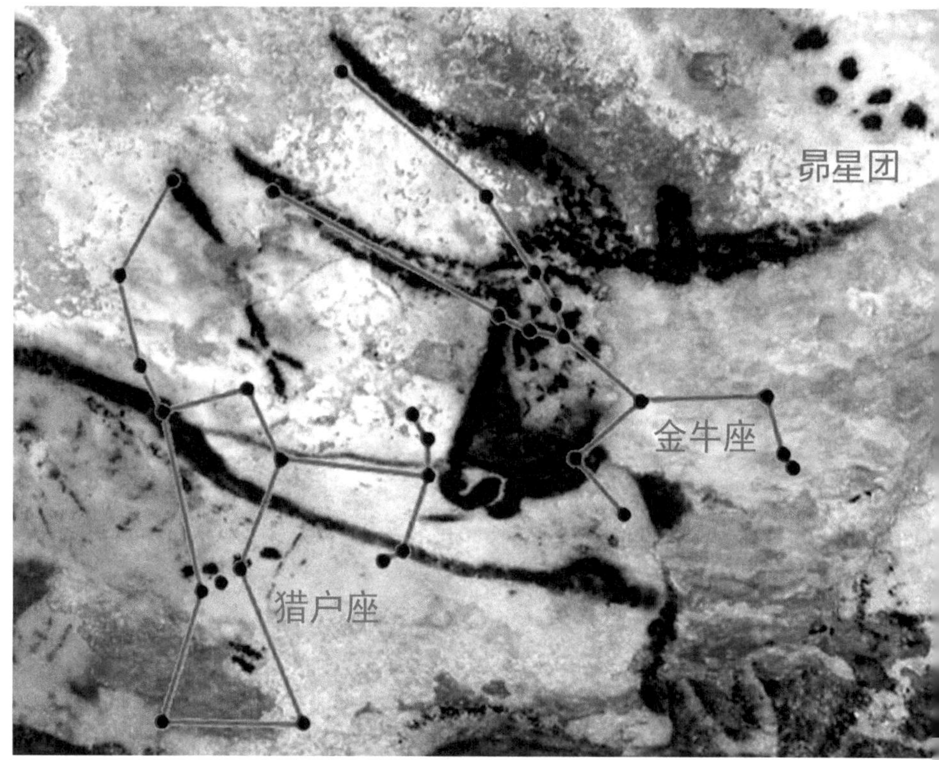

拉斯科洞窟公牛壁画与天象的对应关系。

两个盗墓贼于 1999 年从位于德国柏林西南部 180 千米的内布拉考古遗址中盗取了一个直径约为 32 厘米的青铜圆盘。这个重量为 2 千克的铜盘上饰有圆点和弧形的镀金图案，年代大约可以追溯到公元前 1600 年。

内布拉星象盘。

盗墓贼曾试图以 40 万欧元的低价将它售出，但警方很快就将他们抓获。这样，德国人得以追回这幅如今被称作“内布拉星象盘”的欧洲最古老的“天空之图”。

这个圆盘中间表示星星的圆点依然清晰可见，其中有 7 颗簇拥在一起的恒星，被认为是昴星团的象征。上面最大的圆是太阳，旁边是月亮。太阳下面有镀金圆弧，被认为是承载着太阳每日在空中穿梭的航船。此外，在圆盘左右两侧原本有两条稍大的镀金圆弧，但是其中一条因被盗墓贼用锤子敲掉而丢失了。这些圆弧被认为对应着当地冬至日太阳升起和落下的方位。当然，内布拉星象盘的真实用途至今仍有许多悬而未决的问题。

对星空的不同遐想

人类在几千甚至数万年前便是星空的忠实观测者。人们通过辨识恒星组成的图案，将夜空划分为不同的区域，来确定对农业生产具有重大意义的时间节点，例如不同季节的变换。这些恒星图案通常以想象中的普通动物、器物或天神为基础，从而形成了特定的星座。或许是出于方便的考虑，最早的星座都是以动物命名的。比如，5000 多年前生活在两河流域的苏美尔人识别出了满天恒星中的狮子、公牛和蝎子等图案，形成了早期黄道十二星座的雏形。另外，人类还自然而然地将关于超自然力量的传说和故事“附着”在遥俯尘世的星空中。

古希腊人以神话传说中的人物来命名某些星座，例如英仙座（*Perseus*）就是神话中被流放的阿尔戈斯王子珀尔修斯。在雅典娜女神的帮助下，他砍下了蛇发女妖美杜莎的头颅。在杀死美杜莎之后，珀尔修斯在回来的路上遇到了海怪塞特斯，它正在吞噬埃塞俄比亚国王刻甫斯、王后卡西俄珀亚和公主安德洛墨达。正当千钧一发之际，珀尔修斯用美杜莎的头颅将海怪变成了石头，从而救了国王一家人。国王、王后和公主也就分别成为了现在的仙王座、仙后座和仙女座，海怪成为了鲸鱼座。也许我们只要屏息凝神于晴朗夜空中的繁星，就不难理解为何远古的天文学中被灌注了许多神性和魔幻内容。

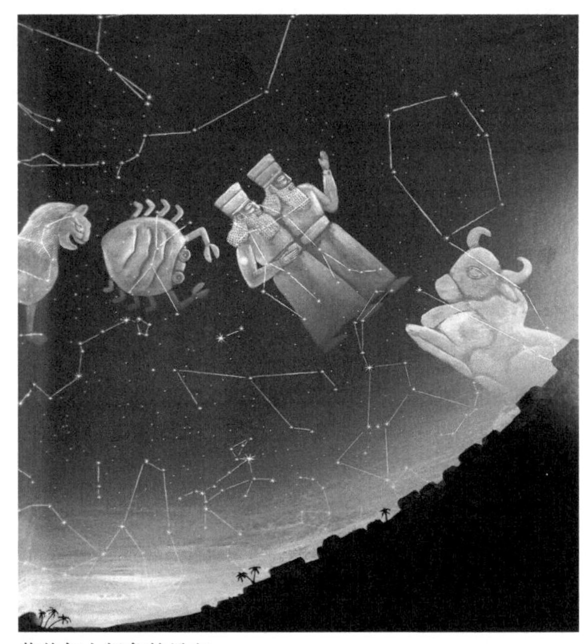

苏美尔人想象的星空。

珀尔修斯与海怪。

从公元 2 世纪开始，天文学家托勒密将天空中的星星划分为 48 个区域，这也是现代 88 个星座最主要的来源之一。为了方便学习和使用这些想象出来的星座，古人将一些星座与其中的恒星绘制在不同的材质上，逐渐形成了后来的星图。

怎样画一幅星图呢？天空中的星星就像是由不同大小、不同颜色的小亮点组成的，它们互相之间是否有逻辑关系，或者有清晰的关联呢？一方面，人们可以连接这些点，想象出一些看上去不那么随意的形象。由于人脑更愿意识别有意义的图像，所以形象化的图案更容易被我们所记住。另一方面，人们也可以利用坐标系统，用数学方法来标识和确认星体的位置。这种方法虽然有一点儿困难，但夜空中的星星看起来都在绕着天极旋转，它们的位置也随时间而改变。于是，人们最终选择将这两种方法结合起来。可以说，星图是描绘天上恒星的分布和排列组合的图像，它不仅是人们认识和记录星空的一种方式，也是学习和研究天文学的一种重要工具。

随着科技的迅猛发展，人类对星空的认识也在不断加深，人们开始使用越来越复杂的天文观测仪器，从简单的方位瞄准器到浑仪和星盘，再到天文望远镜，甚至是高悬在太空中的空间望远镜。这样，人们就可以越来越精确地观测恒星的位置，探索它们背后的秘密，甚至去追溯宇宙的起源。同时，星图的形式、用途和精度也在发生着翻天覆地的变化，这是人类发展史中最为绚丽的篇章之一。可以说，如果不从认识星空的角度来思考人类文明的进程，那么我们对科学和文明发展历程的认识就只会是一知半解，而且索然无味。这便是星空和星图带给大家的智慧和美妙之处。

银河的光芒是由数千亿颗遥远的恒星的光团聚集而成的，在今天的城市夜空中，银河几乎难得一见。即使在没有灯光的荒野，皎洁的满月也可能让银河遁形。然而，只要继续寻找和探索，我们仍然可以领略到银河的壮丽和广阔。400 年前，伽利略首次将 30 倍的望远镜对准天空，发现了银河中的恒星和木星周围的卫星，并为地球绕太阳转动提供了无可争辩的证据。自此以来，星图见证了天文学的发展，也见证了人类认识宇宙的历程。

5 世纪，罗马作家马克罗比乌斯综合了柏拉图和西塞罗著作中的宇宙学思想，并在其著作《“西庇阿之梦”注疏》中总结了一些关于宇宙本性的问题。其中提到，在前人关于银河的各种理论中，古希腊哲学家提奥弗拉斯托斯认为，银河是南北两个天球相互连接之处，古希腊历史学家狄奥多罗斯认为银河就像一条火带，古希腊哲学家亚里士多德认为银河是由火山喷流缓慢燃烧引起的，是地球上水蒸气凝结形成的白色雾气。而古希腊哲学家德谟克利特则认为银河是由紧密结合在一起的恒星组成的，他的理论最终在1610年由伽利略通过望远镜观测而得以证实。

提奥弗拉斯托斯。

狄奥多罗斯及其著作《历史丛书》。

中世纪著作中描绘的银河。当时人们认为银河是镶嵌有一些恒星的带状物。

借助望远镜可以很好地观测星空，以至于很多代以来困扰哲学家的争论都被眼见为实的天文观测所平息了，从而使我们摆脱了冗长的争论。天穹破碎了，接着人们的目光开始从封闭的世界转向无限的宇宙。天文学家威廉·赫歇尔（1738－1822）将望远镜进一步延伸到太空，通过计算不同方向上恒星数量的分布来推测星系的大致形状。他当时通过望远镜进行观测，在选定的一些天区内逐一计数的恒星就多达117600颗，而实际能见的恒星数量远远超过这个数字。这也成为他建立银河系模型的依据。纵观人类历史，人们的视野从太阳系延伸至银河系广袤的恒星世界，人类认知宇宙的步伐也大大向前迈进了一步。我们不仅知道银河系是扁平的，而且从此有了银河系“自画像”——银河星图。

探索宇宙的太空之眼

日新月异的天文望远镜，将更广阔的宇宙展现在我们面前。19 世纪，科学家们发现了来自恒星的光谱，这些恒星的“指纹”可以用来揭示诸如发光物体的化学组成和温度等信息。20 世纪，天文学家的工具箱中又增加了射电望远镜，以及其他各种天文望远镜和空间探测器。

不夸张地说，望远镜让我们拥有了超越人类眼睛的视觉能力，特别是在照相技术成熟之后，人们能以照片的形式完美地记录下星空。几乎所有用望远镜拍摄的天文照片都超出了我们眼睛的能力极限，而且其中大多数呈现出来的景

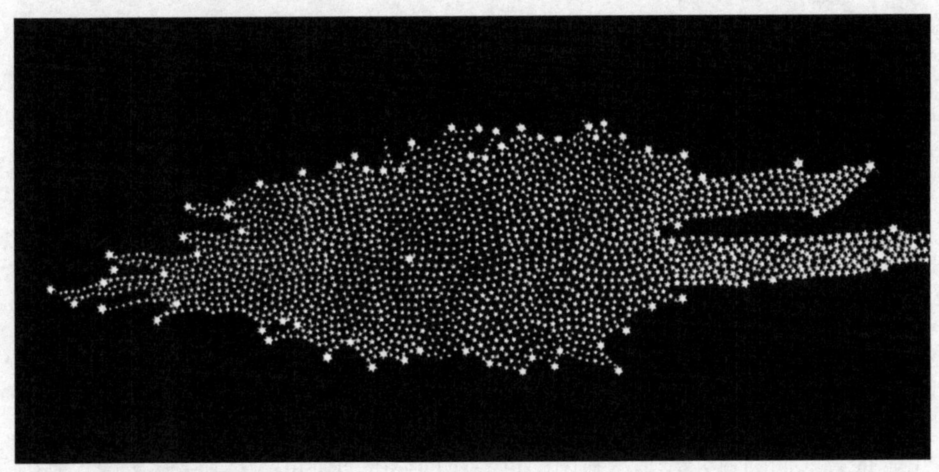

威廉·赫歇尔的银河系模型。

威廉·赫歇尔原本是汉诺威公国的一名军乐团乐手。为躲避当时欧洲的“七年战争”，他于 1757 年来到英格兰。他靠自学从音乐家跨越到了天文学家的行列，并率先使用自制的望远镜观测了深空，证明银河系从侧面观察时就像一个由恒星构成的圆盘。此外，赫歇尔还有许多重要的发现，比如发现天王星和红外辐射等。

象来自人眼无法感知的各种射线。宏伟壮丽的天文学景观吸引着越来越多的人关注天文学，那些令人窒息的美丽吸引着更多的人仰望星空。但是，在自然状态下，人类的眼睛并没有足够的能力来充分欣赏宇宙的美景。光线的波长分布是如此之广，人类的眼睛只能看到很小的一部分。宇宙中的电磁波按波长划分，从长到短依次是微波及射电、红外线、可见光、紫外线、X 射线、伽马射线。

通过对不同波长的多波段测量，天文学家可以绘制出不同波段的星图，为宇宙提供多维图像。通过绘制不同波段下的星图，人们对宇宙有了更全面的了解。下面这组照片就是在不同波段下拍摄的蟹状星云，它们看起来有着不同的景象。蟹状星云是公元 1054 年一颗超新星爆发的残留物，这是恒星在演化过程接近末期时所经历的一种剧烈爆炸的产物。超新星爆发产生的星云在不同的波长上所呈现出来的，可谓是五彩缤纷的景象。

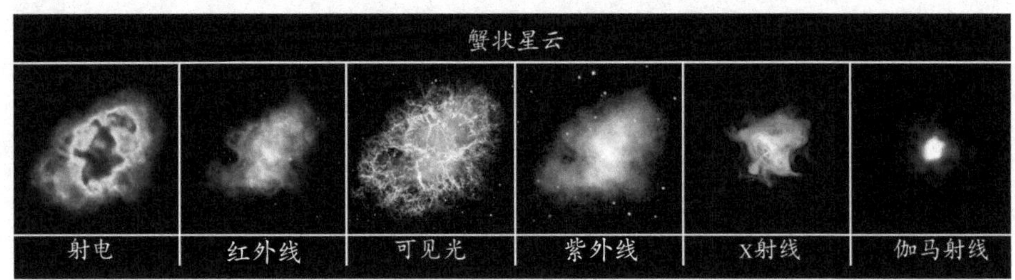

在不同波段下观测到的蟹状星云。

一颗闪亮的星星在 1054 年出现在金牛座天区附近，此前并没有人见过它。从那以后的两年里，这颗星星渐渐变暗，最后消失在人们的视野里。这一不同寻常的天文现象当时由中国人记录下来，我们今天称之为超新星。这次超新星爆发后，在天幕上留下了一片暗淡的“云彩”，我们现在称之为蟹状星云。

“蟹状星云”这一名称始于 1845 年，当时爱尔兰天文学家威廉 · 帕森斯（1800—1867）观测到星云中央区域有许多附属物状结构向外延伸，他感觉其外形看起来很像一只螃蟹，因此取了这个名字。如今，这个螃蟹状的星云仍然以 1500 千米 / 秒的速度向外蔓延和扩张。

蟹状星云距离地球大约 6300 光年，其中心是一颗快速旋转的中子星，并且周期性地向外发射射电、红外线、可见光、X 射线和伽马射线。射电图像显示，在星云内部盘旋的电子发出无线电波；可见光图像显示，它的外侧由电离后的氢气组成的黄色细丝正在远离天体的核心向外扩张。与其他图像相比，星云在 X 射线图像中显得更小、更致密，X 射线的辐射只存在于中央脉冲星附近。在望远镜和照相技术发明之前，恐怕没人会想到天体的照片还能表现出如此惊人的美。

1990 年，一架重达 12 吨、大小和一辆公共汽车差不多的望远镜被送到了太空，这就是著名的哈勃空间望远镜。在过去的 30 年里，哈勃空间望远镜一直在围绕地球运行，距离地球 550 千米，几乎每年都要绕地球 5000 多圈，如今它已经对数万个天体进行过数百万次的观测。

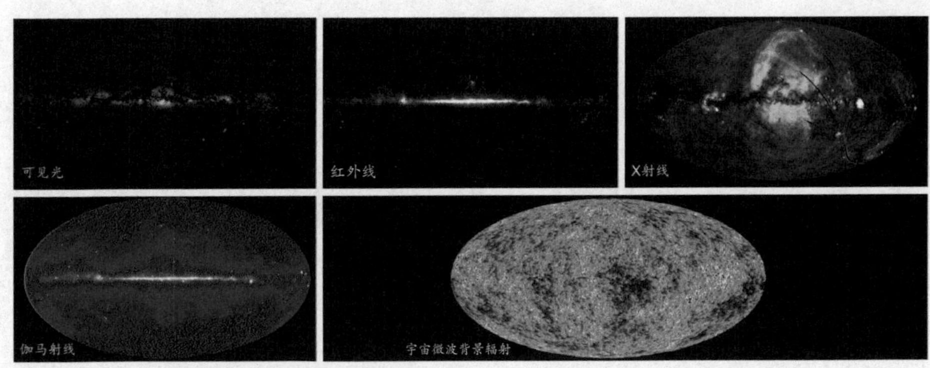

在不同波段下观测到的银河系与宇宙。

许多令人惊叹的天体照片都来自它们在不同波段发出的光，从射电波段到伽马射线波段，大多数是我们的眼睛所看不到的。人们利用不同类型的望远镜，通过不同波段的“光”就能“看见”不同形态的银河系与宇宙。

可见光图像显示了整个夜空中所有恒星所发射的可见光。红外线图像清楚地显示了被星际尘埃（黄色）所包围的银河系，包括薄薄的恒星圆盘（白色）以及中央隆起的银河系中心。X 射线图像不仅显示银河系中心有强烈的辐射信号，而且显示了银河系之外的一些星系。

哈勃空间望远镜。与地球上的望远镜相比，空间望远镜不受地球大气层的影响并能收集更多来自宇宙深处的光线。

与许多地面望远镜相比，这架直径为 2.4 米的望远镜的体积实际上并不算太大，但是因为它不会受到地球大气层和灯光的干扰和污染，所以能在其拍摄的深空照片中显示非常暗的天体，它们的亮度是人类眼睛所能看到的百亿分之一，所展示的内容远远超过了我们在晴朗的夜晚可以看见的繁星，展现了一个我们看不到的世界，地面上任何其他望远镜都难以企及的世界。它以我们前所未有和未曾想象过的方式赋予了人类一双全新的眼睛，不断揭开宇宙的神秘面纱。

哈勃空间望远镜接收到的是各种光线，包括可见光和不可见光，这些光线最终会以数据的形式呈现在我们面前。这些数据也必须转化成我们的眼睛所能识别的东西。准确地说，一方面，处理这些信息时必须忠于真实的数据，因为这是真实观测的结果，天文学家可以从中收集到他们想要的东西；另一方面，这些数据最终会形成具有丰富色调和色彩范围且引人注目的图像，然后以各种颜色的图像的形式呈现星空之美。

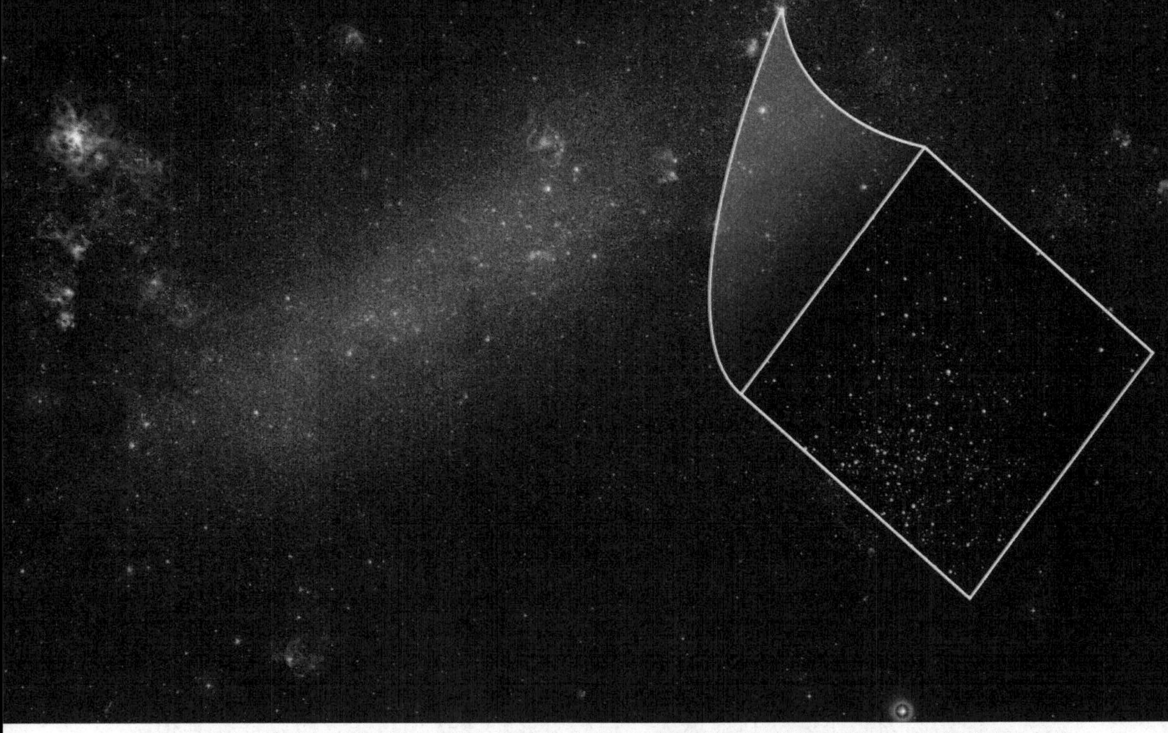

大麦哲伦云是银河系附近的一个较小的星系。银河系拥有两个不规则的卫星星系，它们分别被命名为大麦哲伦云和小麦哲伦云。它们之所以被赋予这个名字，是因为斐迪南·麦哲伦在 1519 年的环球旅行中首次描述了这两个星云。其中，大麦哲伦云的质量虽然只有银河系的 5%，但是它的恒星形成率是银河系的 10 倍。

这些让我们能够看到如此绚烂的宇宙的图像就像 1 万年前拉斯科洞窟里的星空壁画一样，每一幅都蕴含着千言万语，因为它们既有科学价值又有美学价值。从古老的星空艺术和神话到哈勃空间望远镜探测的宇宙空间的边界，人类文明的发展使我们今天能够测算宇宙的膨胀速率，寻找遥远的星系，确定星系际空间里物质的化学成分，甚至探索宇宙的起源。天文学缘起于一些人类最基本的问题，如我们是谁，我们从哪里来。古今中外无数追问自身存在的思索者都将灿烂的星空纳入了思考的范畴。这些镶嵌在天幕上的恒久不变的小亮点一直以

哈勃空间望远镜拍摄的涡状星系。涡状星系是一个典型的旋涡星系，其编号为 M 51 或 NGC 5194，它是由法国天文学家夏耳·梅西耶（1730 – 1817）在 1773 年 10 月 13 日发现的。在巨大的涡状星系旁边还有一个相伴的小星系 NGC 5195，它是由另一位法国天文学家皮埃尔·梅尚（1744 – 1804）在 1781 年发现的。2005 年，天文学家在涡状星系内观察到超新星 SN 2005cs，其最高亮度仅为 14 等。

来都是人们占卜和预知未来的依据，是茫茫大海上指引方向的航标，是仰望苍穹和测量无垠宇宙的依凭。

广阔的星空可以激起人们对宇宙的好奇和敬畏，也足以包容人们的万千思绪；它能激发灵感，也能治愈心灵，在这个令人心烦意乱的时代引起人们思考和内省。然而，对于居住在城市中心的人们来说，大部分星光都被各种人造光源所污染，这样星图中所呈现的各式天空美景就显得弥足珍贵。在这些美妙的星图中，有怎样的故事在等着我们呢？让我们一起走进星图中的故事，去探索那些星空的壮丽与神秘！

艺术家想象中的银河系。因为我们身处银河系，不可能亲眼看到银河系的真实面貌，所以今天关于银河系结构的许多图像实际上都是根据其他相似星系所推测的。

千百年来，人类都只能看到银河系的一个侧影，而无法想象它的全貌究竟是什么样子。那是因为我们置身于银河系之中，这正所谓“不识庐山真面目，只缘身在此山中”。此外，与其他星系一样，我们的银河系也是由原星系在引力作用下逐渐坍缩融合而形成的。原星系是原始宇宙中的超高密度区域演化而成的暗物质团块，其中含有氢和氦所组成的重子物质。围绕星系的暗物质晕聚集了重子物质，这使得银河系的旋转越来越快，最终形成了一个自转速度很快的薄盘。

第 1 章　天上疆域：88 个星座的由来

天空秩序的重建

数千年来，人们将天空中明亮的恒星组合在一起，根据想象中的图案，形成了星座。不同民族和地区有着自己的星座划分方式与传说，最常见的就是以人物、动物、器物等命名星座。目前国际上通用的 88 个星座就是根据星图将天空分成 88 个不同的区域。如今星座的范围已经从较亮恒星所组合的图案扩展到它周围的一片区域，天空中每个区域的每颗星都属于 88 个星座之一。那么，现在的 88 个星座是怎样形成的呢？它们的背后又有着哪些不为人知的故事呢？

这就要从第一次世界大战开始说起了。1919 年 7 月，硝烟散尽不久，欧洲的天文学家齐聚在比利时布鲁塞尔的学院宫，参加国际研究理事会的成立大会。在此期间，他们建立了一个天文学专业管理机构，称为国际天文学联合会（IAU）。

新成立的国际天文学联合会由数个组织合并而成，负责管理恒星、小行星、卫星与彗星等新天体的定义和命名，以及各种天文学名词。国际天文学联合会自 1922 年起每三年举行一次全体会议，对各项决议草案进行表决。举例来说，在 2006 年召开的第 26 届会议上，天文学家们通过决议，正式将冥王星列为矮行星，将其从行星之列中除名。不过，20 世纪 20 年代，天文学界的另一场危机正在等待着这个新生的机构，那就是如何在天空中划分星座，以及如何界定它们的边界。

星座是人们根据夜空中的群星想象的一些图形，也是人类文化在星空里的一种映射。我们或多或少都听说过古希腊神话，其中就有一些关于动物和英雄的星座故事。现代天文学家划分星空区域时仍然以此为依据，只不过天文学界对不同天区的标准称谓都是“某某星座”。当然，也许在你的眼中还有其他一些星空图案，但那并不能被称为标准星座。

1887 年出版的用于教学的星图。当时星座标准还没有统一，星座之间的界线也不明确。

SYSTEM.
170
180
190
200
210
220
230
240
250
260
270
280
290
300
310
THE MOON
METEORIC SHOWER

在近代天文学发展起来之前，由于受到观测能力的限制，人类只能命名太阳、月亮、数百颗其他恒星以及肉眼可见的行星。但在过去的几百年里，借助望远镜，人们能够识别越来越多的天体，几乎每年都会发现很多新天体。这就需要一个识别系统，可以明确而清晰地识别出这些天体，并给它们起一个恰当的名字。这里便包括通过星座来确定不同的天区。伴随着 20 世纪早期观测天文学发展的迫切需要以及战争阴霾的消散，专业天文学家开始尝试在学术研究中建立战后“天空的新秩序”。

1900 年前后，大多数专业天文学家都认为星座之间有一定的边界，但关于具体的星座数量以及它们之间确切的边界位置未能达成一致意见。尽管在此之前 100 多年，德国天文学家约翰·波得（1747 – 1826）就在其著名的《波得星图》中首次为星图增加了星座分界线，但这并未被普遍接受。从波得时代开始，制图者常常徒手在星座图之间随意地画出一条蜿蜒曲折的界线，这就导致不同星图集之间的差异明显，甚至相互矛盾。

在 1824 年出版的《天空之镜》（*Urania's Mirror*）中，我们可以发现一些恒星被不同的星座所共享，比如金牛座的角尖和御夫座右脚上的一颗星实际上是同一颗星，而这个错误甚至可以追溯到古希腊时期天文学家托勒密的《天文学大成》。

1922 年 5 月，国际天文学联合会在罗马召开第一届全体会议，各国天文学家投票决定成立一个委员会来制定一系列标准。第三委员会主要负责天体命名工作，其任务是制定与星座有关的国际标准。会议通过了一份当时天文学界公认的星座列表，其中包括了 88 个星座。

这项工作为随后星座划分的标准化奠定了必要的基础。实际上，尽管第三委员会确定了 88 个主要星座，但公布了 89 个名称，其中还包括古希腊星座南船座（Argo）。不过，由于其过大的天区面积，该星座后来被正式划分为罗盘座（Pyxis）、船底座（Carina）、船尾座（Puppis）和船帆座（Vela）。

《天空之镜（第二版）》于 1825 年在伦敦出版，这是一套 32 张的卡片，每张卡片上都绘有优美清晰的星座图片。这一系列星座卡片可能是为圣诞市场准备的，卡片中最亮的那些星所在的位置上都打有小孔，如果在卡片背后放一盏灯，就能看到星座的形状。

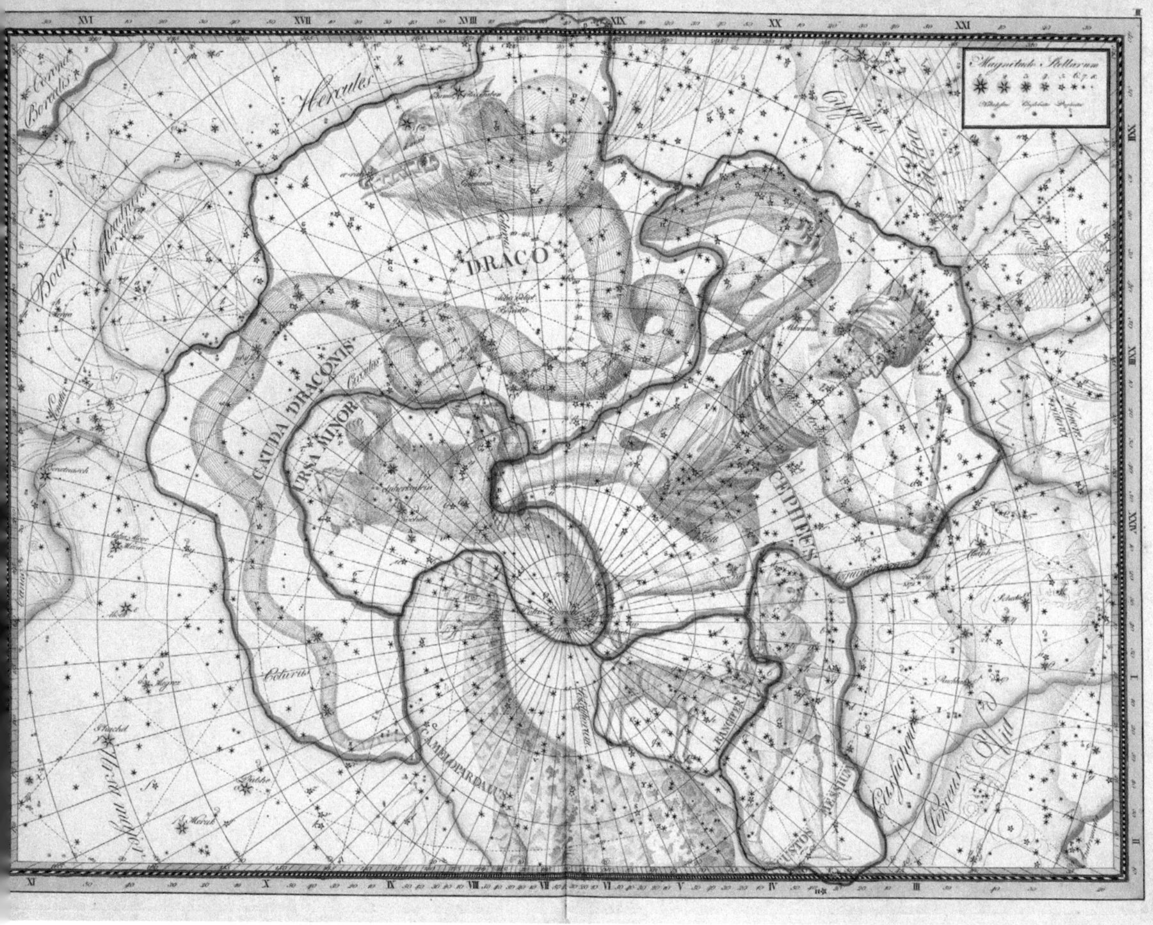

《波得星图》关于星座的划分。在图中可以看到小熊座、天龙座、仙王座、鹿豹座以及右下方后来被取消的驯鹿座，这些星座之间都有着不规则的蜿蜒边界。

《天空之镜》中的御夫座和金牛座。事实上，金牛座的角尖和御夫座的右脚上有一颗完全相同的恒星，这颗星曾经同时被称为御夫座 γ 和金牛座 β。

16世纪制图家墨卡托(1512－1594)所制作的天球仪中的南船座。在今天的星座中，它被分为罗盘座、船底座、船尾座和船帆座四个部分。

在此之前，天文学家曾用“Scorpius”和“Scorpio”这两个词来指代天蝎座，而第三委员会负责规范这些星座的命名。在此次会议中，“Scorpius”被确定为天蝎座的标准名称，而“Scorpio”则被降级为其星占用语。与此同时，每一个星座都有一个由三个字母组成的缩写名称，以方便在变星命名中对星座的引用，如天蝎座的缩写为“Sco”。这种缩写方式最初由丹麦著名天文学家埃纳尔·赫茨普龙（1873 – 1967）提出，他在同年的早些时候发表了一份类似于化学元素符号、由两个字母组成的星座名称缩写清单。同时，作为第一个提出绝对星等概念的天文学家，赫茨普龙也注意到了恒星颜色和亮度之间的关系。这为《恒星光谱 – 光度图》（即《赫罗图》）的出现奠定了基础。尽管当时也有一些人认为，三个字母的方案仍然不足以区分星座，因此建议扩展至四个字母。但大部分天文学家依然坚持用三个字母，所以这个方案最终被正式采用，并且沿用至今。

天上的划界条约

在1922年的第一次大会上，天文学家们解决了星座名称缩写规范的问题后，就需要处理星座界线这一悬而未决的问题了，也就是如何划定各个星座的区域范围，以确定它们各自的“疆域”。这就如同对不同国家之间的疆域进行勘测和划界。1925年，在英国剑桥召开的第二届国际天文学联合会大会上，比利时布鲁塞尔皇家天文台的尤金·约瑟夫·德尔波特（1882 – 1955）向大会提交了一份关于界定星座边界的建议。德尔波特的建议很快就被采纳。在接下来的两年里，他一直在为这个项目寻找可行的解决方案。

第一次世界大战结束后，国际天文学联合会中的各国天文学家有着各种民族主义情绪，特别是法国和德国天文学家之间的分歧难以消除。德尔波特采取了一种更稳妥的方法，他通过与委员会成员协商来解决争议和分歧，以减小标准化过程中所面临的阻力。按照国际天文学联合会变星委员会的要求，德尔波特需要将所有已经具有既定名称的变星都留在此前所在的星座中，这是指导原则之一。

为了满足这些条件，德尔波特决定沿用一些曾经被广泛采用的划界方案。例如，为了与美国天文学家本杰明·阿普索普·谷德（1824 – 1896）的早期工作保持一致，他基本上保留了谷德曾于1877年在其《阿根廷测天图》（*Uranometria Argentina*）中公布的南部星座的边界，只是做了适当的调整，尤其是谷德使用对角线的地方，因为该星图中仍然存在一些不规则的形状，不便于使用。

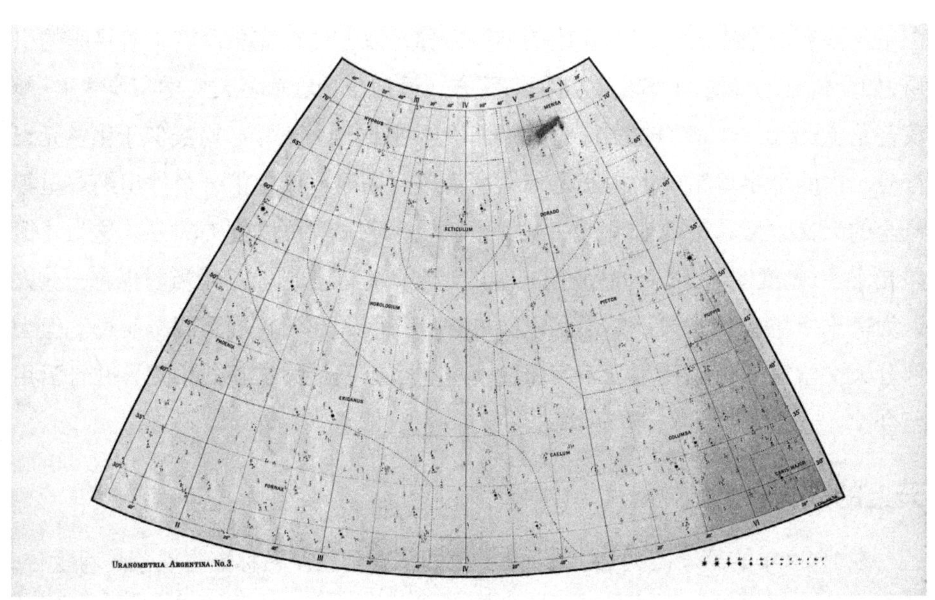

谷德的《阿根廷测天图》。

最终，德尔波特将主要精力集中于南赤纬 12 度以北的天区。在对谷德等人的工作进行补充后，他沿着赤经圈和赤纬线画出了星座的最新边界，使得每颗恒星都处于确切的星座天区当中。例如，前面提到的被御夫座和金牛座共享的恒星最终被完全分配给金牛座，成为金牛座 β。

德尔波特面临的另一个难题是如何处理由蛇夫座和巨蛇座组合而成的星座，因为这两个星座自古以来就融为一体。德尔波特将巨蛇座分成头和尾两个部分，分列于蛇夫座的两侧，从而解决了这一问题。如今，巨蛇座也成了唯一被分开的星座，尽管它被划分为头和尾两个区域，但这两个部分仍被视为同一个星座。

1874 年，谷德完成了其一生中最受称颂的工作之一，即《阿根廷测天图》（于 1879 年出版），其中使用了谷德命名法。直到 1884 年时，在南半球可见的 100 度天区内，《阿根廷测天图》包含了 73160 颗恒星，而谷德命名法所标注的恒星的观测记录一直更新至 20 世纪末。

约翰·弗拉姆斯蒂德（1646 – 1719）所绘星图（*Atlas Coelestis*）中的蛇夫座。图中的蛇夫座与巨蛇座纠缠在一起。

1928 年，国际天文学联合会第三届会议在荷兰莱顿召开，天文学家们正式通过了德尔波特的星座新边界。1930 年春天，国际天文学联合会再次商讨其具体的修改建议，新的星座边界方案最终获得批准。随后，德尔波特在 1930 年 4 月出版了当时最新的《天文图集》（*Atlas Céleste*），以及对其进行解释说明的《星座的科学界定》（*Délimitation Scientifique des Constellations*）一书。

此外，官方还接受了德尔波特的建议，以 1875 年的赤经线和赤纬线来定义新星座的边界，而选择这个历元也是为了与此前谷德划分南方星座界线的标准保持一致。德尔波特的这种既科学、准确又具有权威性的星图绘制方法很快就得到了各国的认可。自此，星座不再是以想象的线条连接起来的一组星星，而是在天球上可以精确定位的某个确定区域。于是，天空就像地球上的国家一样，拥有了明确的“划界条约”。这也是全世界天文学家一直遵守的“条约”。

AIR F
Les Poissons
Les Gemeaux
Le Cancer

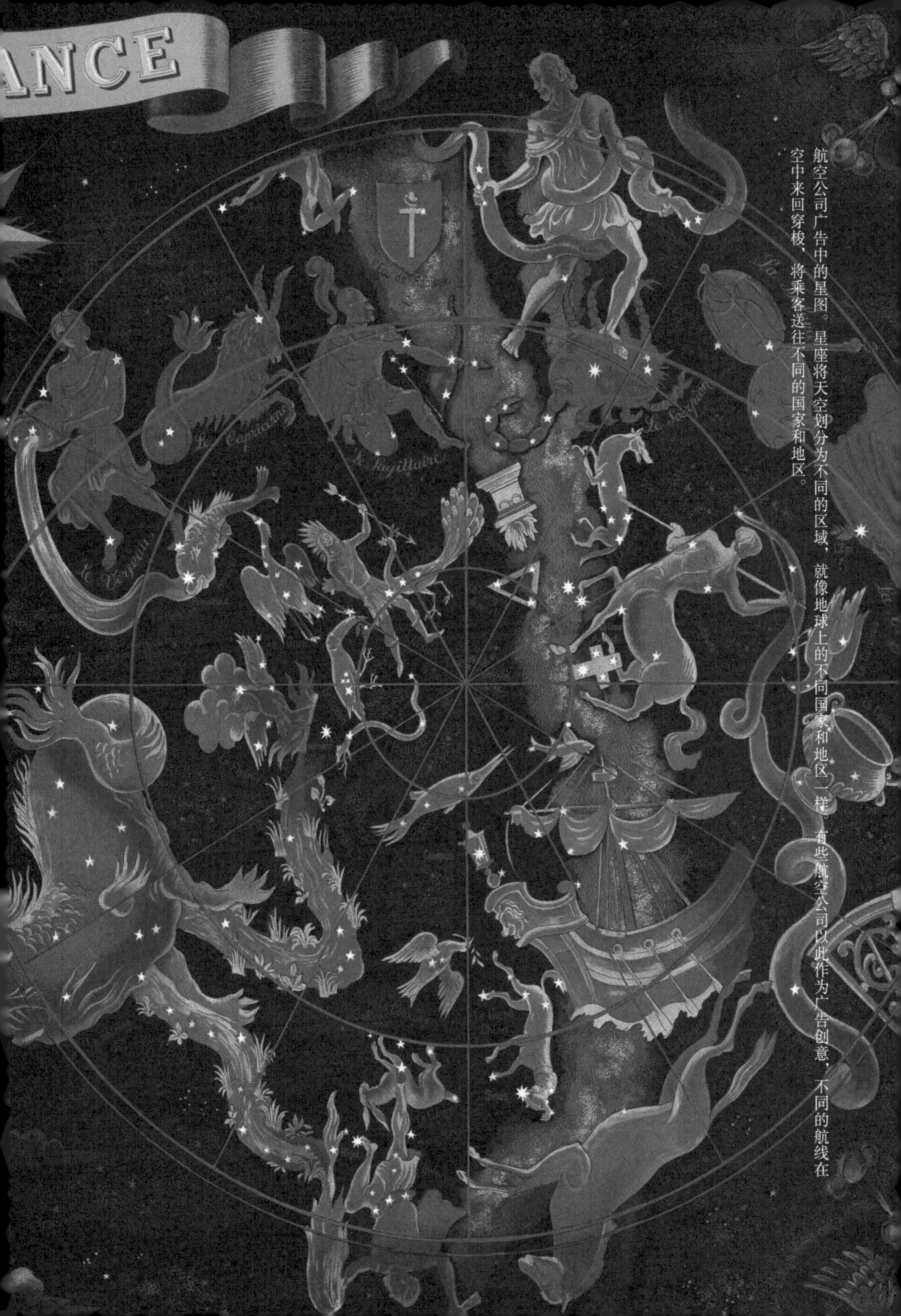

航空公司广告中的星图。星座将天空划分为不同的区域，就像地球上的不同国家和地区一样。有些航空公司以此作为广告创意，不同的航线在空中来回穿梭，将乘客送往不同的国家和地区。

第 2 章　北纬 36 度：星座起源密码

现在我们所用的 88 个星座大多数继承自古希腊，但是它们的起源可能更古老。与大多数人类文明起源的问题一样，星座的起源也是一个谜。人们普遍认为，传统星座是在多个文明长期相互交流、融合的基础上产生的，是早期农牧文明和航海文明的智慧结晶。其中的农牧文明部分源自两河流域的美索不达米亚地区，这基于两方面的证据。一方面，在美索不达米亚地区发现了与黄道十二宫等主要星座相关的遗迹。另一方面，早期文明中托勒密所划定的 48 个星座对应的观测地点大约在北纬 36 度，而与此相一致的地理位置只有美索不达米亚地区和希腊南部的岛屿。所以，北纬 36 度线或许就是人们破解星座起源的密码。

古巴比伦天空之城

《圣经·旧约·创世记》中曾记载了这样一个故事：在大洪水之后，诺亚的后代在世界各地繁衍生息。虽然他们使用着一样的语言，但是相隔遥远。人们为了寻找更好的生存环境，不断地向东迁徙，最后来到了幼发拉底河与底格里斯河流域的平原地区。这里土地肥沃，气候宜人，非常适合人类居住。他们安定下来之后，决定联合起来建造一座高塔，以便通向天堂，使巴比伦成为“天空之城”。

这座通天高塔就是传说中的巴别塔，又名巴比伦塔。这个前所未有的巨大工程将全世界的能工巧匠聚集在一起，汇集了当时人类的全部智慧和美妙的构想。大家齐心协力一起工作，这座巍峨高塔的建造十分顺利，几乎要直上云霄了。上帝知道这件事后，为了阻止人类这一雄心勃勃的计划，就开始让人们讲不同的语言，并将他们分散至各地，形成不同的文明，这样人们就无法互相沟通和协作。于是，建塔工作便半途而废，整个计划最终失败了，人类也散落到世界各地，呈现出不同的文明。

彼得·勃鲁盖尔的油画《巴别塔》。“巴别”在巴比伦语中是“神的大门”的意思。为了表现通天高耸的巴别塔，尼德兰画家彼得·勃鲁盖尔在处理这一充满幻想的场景时，呈现了极为宏大的构图方式。他在画中不但精心地描绘了众多人物，而且刻意用云彩遮住了塔的顶部。此外，他还在云端画了一个隐约可见的塔顶，以此来说明这项工程的庞大和进展之迅速。

尽管巴别塔的故事只是一个传说，但古巴比伦人确实有“通天”的志向和愿望，发展出了当时最先进的天文学。事实上，这里的文明可以追溯到苏美尔人，他们主要生活在两河三角洲的南部（主要是现在的伊拉克），此处也被后人称为美索不达米亚地区（意为两河之间的土地）。

大约在公元前3000年，苏美尔人建立了城邦，并发明了楔形文字。这些城邦中最著名的便是乌尔王朝，其中乌尔第一王朝和第二王朝属于美索不达米亚历史上的苏美尔王朝时期。大约在公元前3200年，美索不达米亚地区发展出了高水平的艺术，出现了陶器、雕刻、印章等，其中不少用具有自然主义色彩的动物图案来表现。这类图案中最引人注目的动物有公牛、狮子和蝎子，这些图案可能具有特定的宗教或神话意义，同时也是一些动物星座的早期原型。

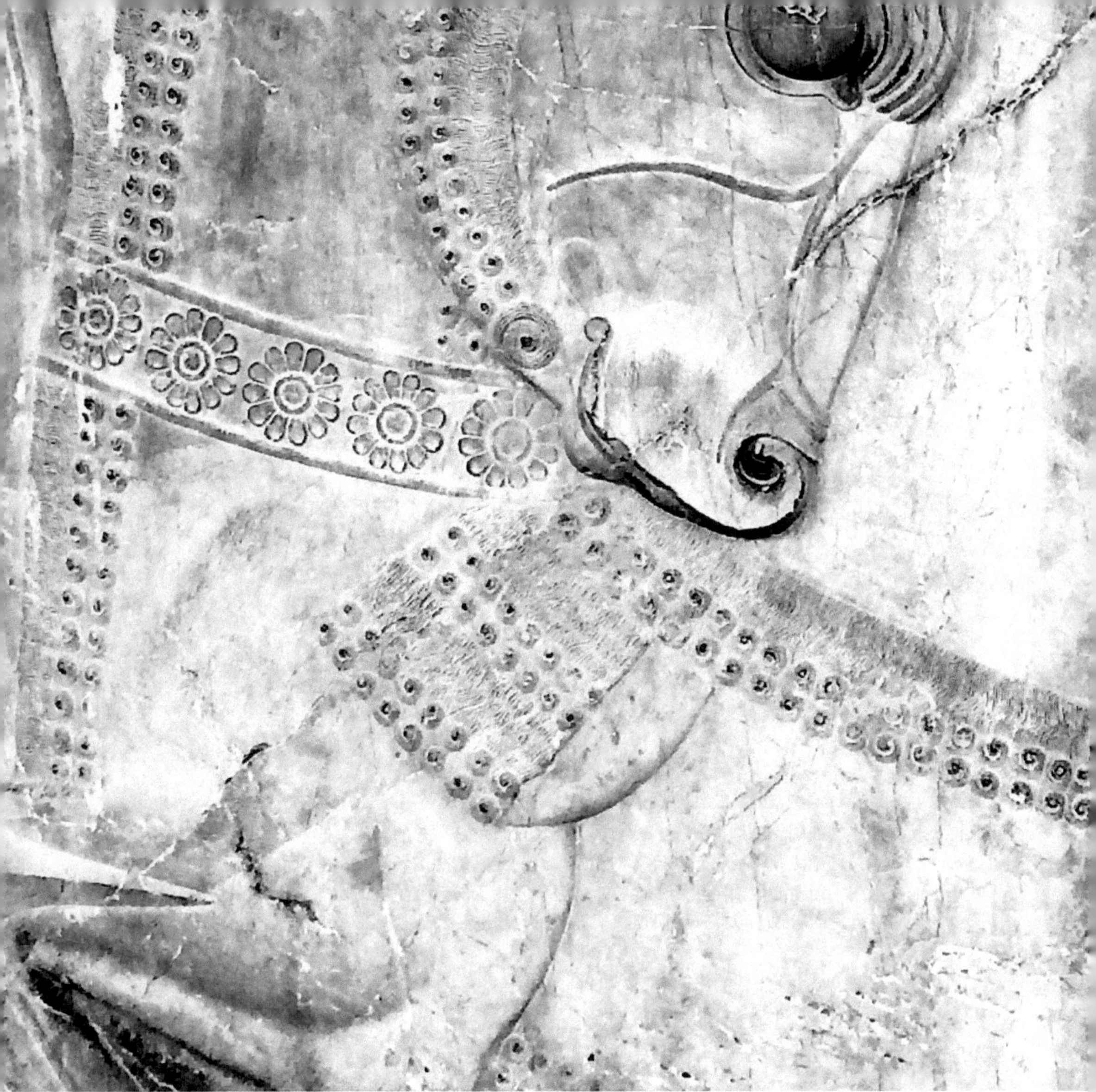

美索不达米亚地区的狮子与公牛雕塑。打斗的狮子和公牛在古巴比伦和波斯艺术中很常见。

因为美索不达米亚地处平原，缺乏天然屏障，在随后的数千年中，这里先后经历了多次不同民族间的碰撞、冲突与融合。自从苏美尔人被阿卡德人征服以后，亚述人、迦勒底人等相继进入美索不达米亚地区。在经历了苏美尔和阿卡德时代、古巴比伦时代、亚述帝国时期以及由迦勒底人建立的新巴比伦王朝之后，美索不达米亚地区的古文明不断走向鼎盛。尽管在此期间发生了许多历史巨变，这里的宗教、艺术和天文学等的发展却是连续不断的。

苏美尔人的神大多与生育和畜牧有关，而阿卡德人的神则主要代表太阳、

月亮和星星等天体。在民族融合过程中，苏美尔文化和阿卡德文化在后来的艺术作品中都有表现，有些作品中出现了许多动物和神灵，其中一些明显与天体有关。例如，在这里发掘出来的很多界碑和石碑上的图案通常包括象征太阳、月亮和金星三位一体的形象，这便与阿卡德人有关。

后来，苏美尔人和阿卡德人的许多传统都被融入朝气蓬勃的巴比伦文化之中。巴比伦人也将恒星和行星与自己的神灵联系在一起，对观测天象极为重视，进一步推动了巴比伦天文学的发展。

美索不达米亚地区的石碑。公元前860–前850年，石碑右边绘有太阳神，以及太阳、月亮和金星符号。

太阳、月亮和金星符号以及太阳神。其中太阳为四角星，月亮为月牙状，金星为八角星。

公元前1000多年，在一些神圣的图像符号中，金牛座、狮子座、天蝎座、人马座、摩羯座和水瓶座等形象已有了明确的呈现。此外，可能也出现了处女座、白羊座、双鱼座和双子座等早期形象。尽管并没有证据表明这些形象一定代表了那个时代的星座，但是在那以后它们确实成为了星座的一个重要部分。

古巴比伦界碑上的金牛、天蝎、摩羯和射手等形象。

古巴比伦国王尼布甲尼撒一世（约公元前 1125 – 前 1104 年）在位时期的界碑。

界碑是美索不达米亚地区为了保障土地私有而设立的，类似于皇家特许状。比如，有些界碑上记载有土地赠予、免除土地税等事项。除了冗长而烦琐的咒语外，上面还装饰着一些神灵的符号，其中大多数与行星或星座相对应。在通常情况下，这些界碑的设置是为了保证国王和官员的土地私有化。在美索不达米亚地区，已经发掘出的界碑超过了 100 块，但大部分不够完整。

现存界碑的年代大多在公元前 1350 年至前 1000 年之间，一直延续到亚述人统治的末期。这个时期的界碑的风格比较稳定，所有常见的符号在公元前 14 世纪基本上都已出现。其中一些界碑是垂直立在地上的石板，上面有各种符号，象征着宇宙中的秩序。还有一些界碑则是卵形的石头，顶部呈圆形，周围布满富有艺术气息的符号。而早期的一些石头则呈圆柱状，四周绘有精致的场景。

古巴比伦星座有两个明显不同的传统，一个代表了众神及其象征物，另一个与农耕、畜牧以及历法有关。这些星座是在公元前 3200 年至前 500 年这一漫长的时期逐步发展形成的。在这些星座中，最为重要的就是黄道上的 12 个星座以及一些与动物（如蛇、乌鸦、鹰和鱼等）有关的星座。

苏美尔人可能是其中一些星座的创造者，关于这些星座是如何在大约公元前 1100 年以前形成的，还没有可靠的文字记录。但是，后来的古巴比伦人仍然用苏美尔人曾经使用的符号来表示它们。在人们看来，这就如同希腊对罗马的影响一样，即使这些星座后来被取代，它们仍然被看作文明的源头。因此，某些古巴比伦星座的名字也许正是从苏美尔人那里产生的。

古巴比伦晚期（公元前 600 年）绘有摩羯座的印章。

古巴比伦晚期（公元前 2 世纪初）的占星泥板，上面绘有狮子座、长蛇座以及行星的图像。

古巴比伦星座还有一个源头，那就是服务于星占的天文观测与计算。在公元前 5 世纪左右，编撰古巴比伦天文日志的天文学家发明了一种新的方法，通过用亮星作为参照物来标记行星的位置。这是一个新的系统，建立在太阳、月亮和行星运动时所经过的黄道区域上，与中国古代的“凌犯”（月亮和五星接近某颗恒星，意为侵犯之意）有些相似。例如，在名为《穆拉品》（MUL.APIN，《犁星》）的古巴比伦泥板文书中就列出了太阳、月亮和行星所经过的 18 个不同的星座。

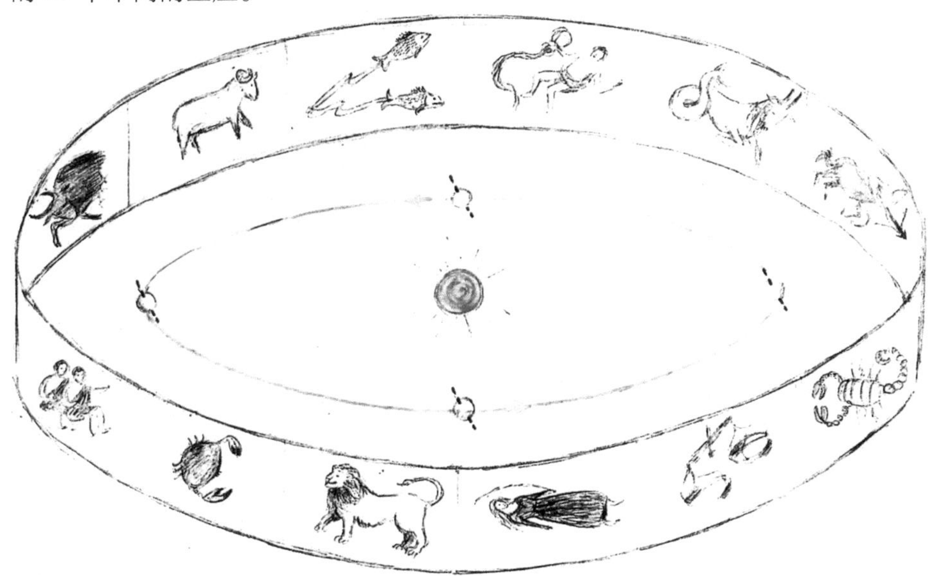

黄道带。由于太阳、月亮和行星都在黄道的附近，因此人们便将黄道带和十二星座联系在一起。黄道带被平均分为 12 个区域，即黄道十二宫。从春分点向西算起，每一宫的名称都与其所在星座的命名相同。

因为地球绕太阳公转，所以从地球上看，太阳在星空背景上缓慢移动，每年正好转动一圈，返回原位。太阳在天幕上运动时所经过的路径称为黄道。黄道带则是指天球上黄道南北两侧 9 度宽的环状区域，它覆盖了月球和太阳系中所有行星在天空中的运动范围。

黄道带的划定对古巴比伦天文学的发展产生了重大的影响，这个概念后来被古希腊人所借用，并在古代和中世纪对西方的天文学产生了深远的影响。

《穆拉品》文书有多种，现存最古老的是公元前 687 年的一块泥板，可以说是古巴比伦天文学记录的汇编。除了星座列表外，它的里面还有一份计算一年日夜时间长度的表格以及星象预兆等内容，有些可以追溯到公元前 1000 年。这些非常质朴的星座，尤其是黄道十二星座中的动物形象很多源自美索不达米亚地区的农牧文明。其中一份被称为《穆拉品》的文书提到，有 18 个星座沿月道（即白道）排列。如果按照现代西方星座对天区的划分，这种表述当然并不准确。不过，巴比伦人所描述的这些星座并非都位于黄道带上，有些只是大致位于月道附近而已。

记录月亮所经过的星座的古巴比伦楔形文字泥板（公元前 1000 – 前 500）。

记载有星座列表的古巴比伦楔形文字泥板（公元前 320 – 前 150）。该列表给出了每个星座中恒星的数量以及它到下一个星座的距离。

美索不达米亚地区黄道十二星座的发展过程及其传到古希腊和古罗马的过程大致分为几个不同的阶段。金牛座、狮子座、天蝎座和水瓶座这四个黄道带星座可能在苏美尔或更早的埃兰时代就已经形成了。除了水瓶座象征着泼水之神外，公牛、狮子和蝎子都是现实中的动物，它们通常都是力量的象征。

另外，由于岁差的原因，在公元前 4400 年至前 2200 年，这四个星座分别对应了当时的春分点、夏至点、秋分点和冬至点的位置。这与中国古籍《尚书·尧典》中四仲星的作用相似（通过观察清晨或黄昏时处于中天最高位置的四颗不同的恒星来判断四季）。

黄道十二星座中的其他 8 个星座大部分可能是在古巴比伦人完成《穆拉品》时期逐步出现的，其中室女座和射手座可能出现在公元前 2500 年左右，最初的寓意分别为生育女神和狩猎之神的后代；射手座和摩羯座出现在公元前 2000 年的界碑上；双子座、巨蟹座和天秤座首次出现在《穆拉品》等泥板文书中；双鱼座和白羊座出现的时间应该要稍晚些，尽管如此，文字证据表明两者都可能出现在公元前 1000 多年前。至于这些星座符号为何被创造，可能最初出于宗教原因，这些神圣的符号后来演变成了星占中用于标注黄道带的星座体系。

大家耳熟能详的黄道十二星座可以说是西方最重要的星座，同时也是星占学的主要标志，其发明应归功于两河流域的苏美人和古巴比伦人。当然，这些星座其实也是经历了相当长的时间才逐渐完善和发展起来的。

法老的星空与神灵

说到古埃及文明，你可能会想到尼罗河畔高耸的金字塔和狮身人面像、行驶在尼罗河上的古代船只以及那些神秘莫测的木乃伊。它们反映了古埃及发达的科学技术。古埃及人还根据尼罗河的涨落情况制定了最早的太阳历，他们发现天狼星每隔一段时间就会消失，大约 70 天后会再一次出现在东方的地平线上，而且太阳会和天狼星一同升起。再过 10 天左右，尼罗河开始泛滥。天狼星偕日升对于古埃及人来说是如此地不可思议，以至于他们将这一天定为一年的开端。

古埃及人理解的宇宙。古埃及人创造了大量关于天的神话。在这幅图中，躺在地上的是大地之神盖布，天空之神努特手脚分开，在上方用身体支撑起天穹，而空气之神舒托住了努特。

尽管早期的古埃及人既不了解黄道带，也没有像古巴比伦人那样建立星占学和数理天文学体系，但这并不影响他们根据自身对宇宙的理解开启一段新的旅程。古埃及人将天体运行的节律与举行葬礼等重要活动结合起来，他们也有自己的星座系统，这些星座遍布于他们的天空超过了 3000 年。他们对星空的认识通常表现在墓室的棺椁和壁画上，这些由动物、神像和符号组成的图像可以帮助我们了解古埃及人是如何理解宇宙和星空的。

根据神话中的神和动物，古埃及人发展出了自己的星座系统。这些星座通常出现在古埃及的各个神庙和墓室的壁画中，最具代表性的就是位于卢克索的

古埃及的生命女神伊西斯。古埃及人认为天狼星就是伊西斯女神，因为它是水的使者。每年天狼星偕日升的时间与尼罗河泛滥的时间不谋而合。

塞内穆特墓的穹顶壁画。塞内穆特是古埃及第十八王朝哈特谢普苏特女王的大臣兼历法官员。这也是迄今为止已知年代最早的反映古埃及星空的穹顶壁画，可追溯到公元前 1470 年。

该墓室穹顶壁画由南北两部分组成，北向的天空以鳄鱼、牛的前腿（有时是完整的牛）和雌性河马的形态出现。此外，墓室底部和上方分别绘有古埃及众神和标记了 12 个月的历法盘。南向的天空中有太阳、月亮和五星，这些内容以图像和象形文字的形式标注，而且大部分内容基本上是由一个“星座带”组成的。

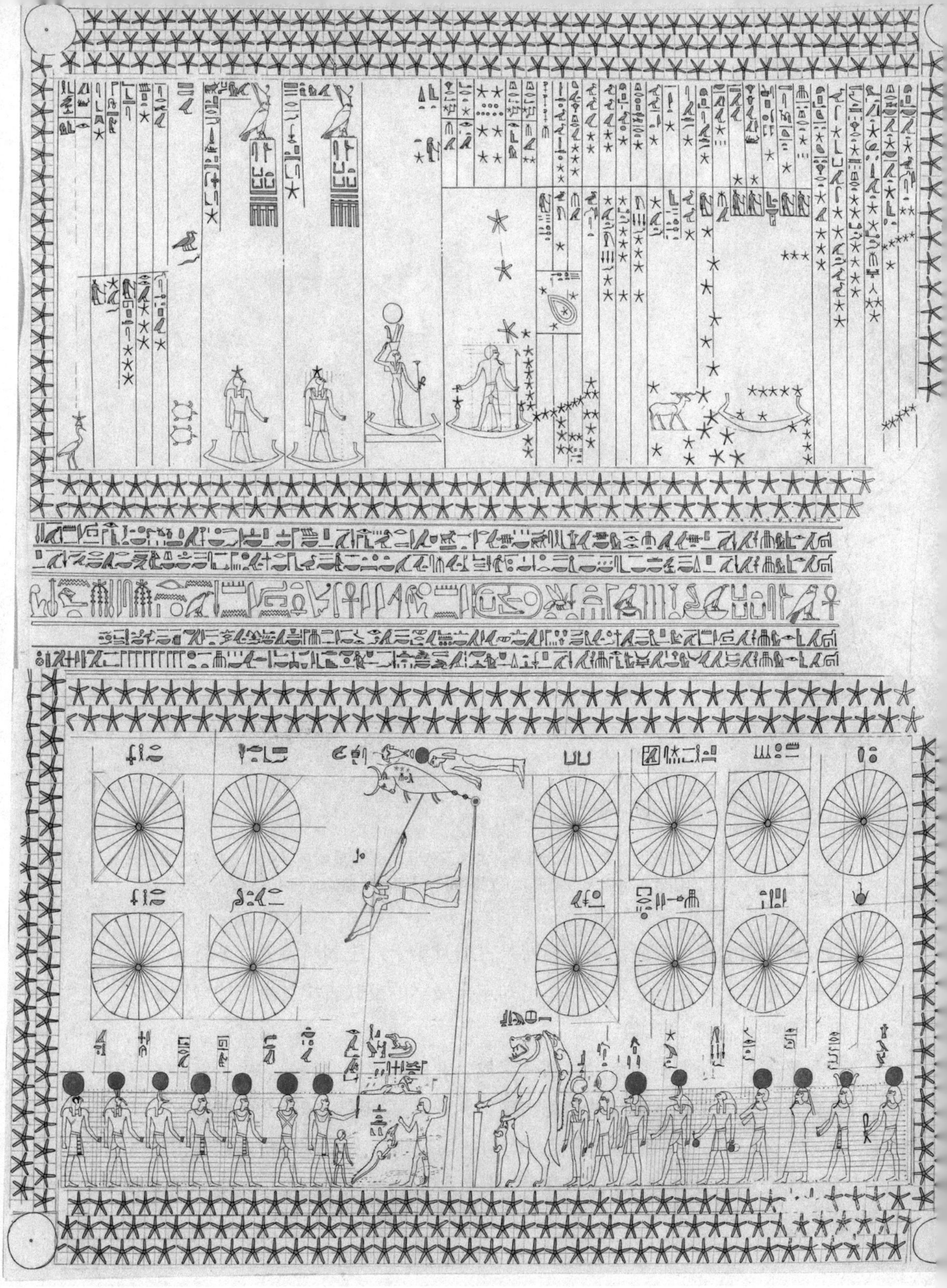

塞内穆特墓穹顶壁画摹本。上半部分为南向天空，下半部分为北向天空。

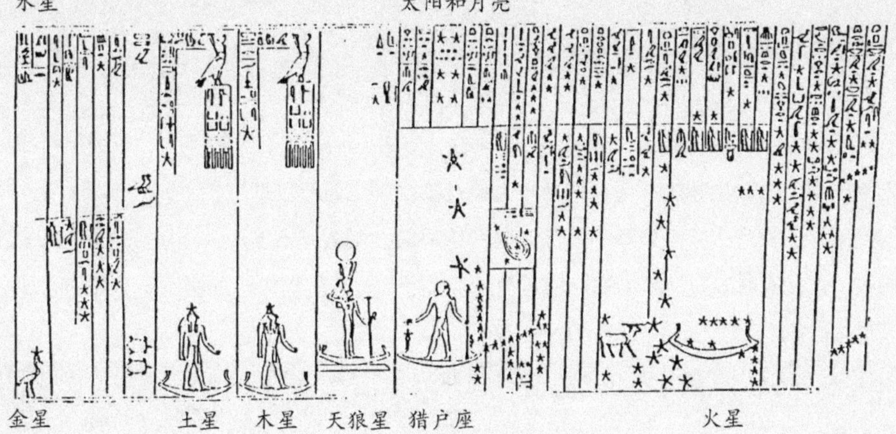

塞内穆特墓穹顶壁画南向天空细节。

在古埃及的北向天空中，有一个所谓的“牛前腿”星座，也被称为“Meskhetyu”，它的形象是一头完整的公牛或一条牛前腿。这一个星座与现代的大熊座相当。此外，北向天空中还有一个被称为“Isis-Djamet”的壮观星座，它的形象是一头巨大的雌性河马，河马背上还有一条鳄鱼。在多数情况下，它还持有匕首和小鳄鱼。这相当于现代的牧夫座与天琴座之间的一片区域（大致相当于武仙座）。

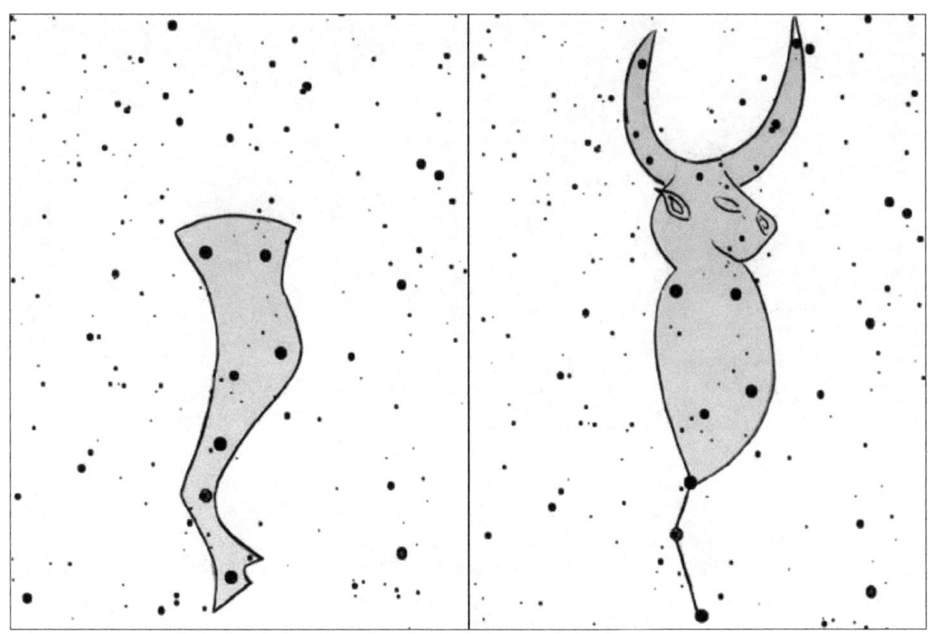
古埃及北向天空中的“牛前腿”星座（相当于大熊座）。

古埃及人将赤道附近的星星分成 36 组，每组星从一颗到数颗不等。每组星对应 10 天的日期，所以也称为旬星。每当一组星在黎明前恰好升到地平线上时，就表示这一旬的到来。这一方法与古埃及的历法计时系统有关。例如，古埃及人注重观测偕日升的天狼星，这其实就对应了其中的一旬，而天空中最为显眼的猎户座则囊括了 5 旬的区间。

古埃及新王国时期塞提一世国王墓的天花板（公元前 13 世纪早期），其上绘有雌性河马和狮子等。

公元前 4 世纪，亚历山大大帝（公元前 356 - 前 323）在很短的时间内统一了整个希腊，然后横扫中东，占领了古埃及，并且荡平了波斯帝国。当时，亚历山大帝国是世界上领土面积最大的国家，这也促进了东西方早期文化的交流和融合。

在亚历山大大帝去世后，他的一位名叫托勒密的将军接管了古埃及的统治，从而开启了古埃及的托勒密时期（公元前 323 - 前 30）。这一时期，古希腊和古巴比伦的宇宙与星占思想开始影响古埃及。从某些庙宇的天花板和其他古迹上的图像来看，古希腊等地区的星座与古埃及本土的星座融合在了一起，最有代表性的就是位于丹达腊的哈索尔神庙天花板上的《黄道十二宫图》。

丹达腊的《黄道十二宫图》现存于法国的卢浮宫，它是一幅圆形的星象图，在中间画出了代表黄道十二星座的图像。这些星座的形象与后来的黄道十二星座基本一致。圆圈外部绘有代表三十六旬星的神像，以及古埃及本地的其他星座图像。

丹达腊的《黄道十二宫图》。

丹达腊的《黄道十二宫图》摹本。

当拿破仑于 1798 年征服埃及时，他带上了法国的艺术家和建筑家维旺 · 德农（1747-1825）。后者在埃及丹达腊的一座神庙的穹顶上发现了一块有趣的浅浮雕，这就是丹达腊的《黄道十二宫图》。

尽管与其他文明相比，古埃及星座的影响力并不大，但是它相当古老，至少可以追溯到公元前1100年。像美索不达米亚人和中国人一样，古埃及人也十分重视北极星周围的环极星座，并经常将它们与黑暗力量和凶残的动物联系起来。例如，现在天龙座周围的北天极区域就被认为与鳄鱼或河马等大型动物有关，而大熊座的北斗七星被认为是牛或牛的前腿。

古埃及人对宇宙和星空的认识与美索不达米亚地区的人们和中国人对宇宙和星空的理解存在着明显的差异。首先，他们对有关感知预兆的天象不太感兴趣，以预兆为基础进行天象解释并不是古埃及神话的核心，而有关占星术的内容也是很晚才从希腊引进的。因为不需要天象预警，古埃及人也不需要对日食、行星运动和其他天体事件进行详细的观测记录。这些现象在其他古代文明中更为普遍。

其次，古埃及人避免使用复杂的数学方法（如美索不达米亚和中国的代数方法以及古希腊的几何方法）来处理天文事件。尽管他们在宗教和农业生产方面对天文学也有需求（如观测天狼星偕日升），但完善的数理天文学系统并没有在此发展起来。虽然曾有不少古希腊天文学家和哲学家在古埃及生活过（如泰勒斯、柏拉图和托勒密等），但他们更多地受到了古巴比伦和古希腊传统的影响。

绘有黄道十二星座的古埃及棺椁（公元100－120）。

	天狼星
	猎户座
	毕星团
	昴星团
	人马座
	室女座
	大熊座
	长蛇座
	狮子座

古埃及象形文字和相应的现代星座。

星座与古希腊文学

在如今我们所采用的 88 个星座中，有一半以上来自古希腊天文学家托勒密划分的 48 个星座，但正如前文提到的，它们至少有两种不同的起源，即农业文明和海洋文明。在这两种传统中，第一种包括黄道十二星座以及几个与动物相关的星座，它们可能是在公元前 3200 年至前 500 年的美索不达米亚宗教仪式中不断发展形成的，大约在公元前 500 年才传入古希腊，而且中间有可能还通过了古埃及。

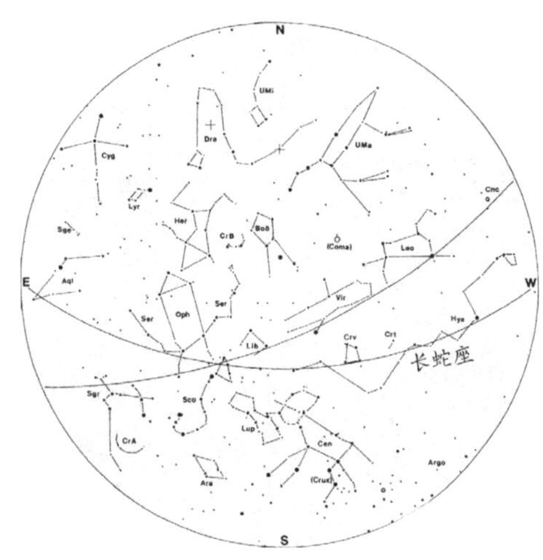

公元前 2800 年冬末北纬 36 度地区的夜空。长蛇座在当时几乎沿着天赤道分布。

在第二种传统中，有些星座可能源自公元前 2000 年，是由克里特岛上的米诺斯人和附近岛屿上的航海文明创造出来的。在有关这些星座的神话中包含了早期的航海知识，并且所对应的观测纬度正好对应北纬 36 度区域，这与希腊南部爱琴海地区的纬度比较吻合。这部分星座可能是为地中海地区的航海导航而设计的，其中包括标志北天极的明亮的大熊座以及较暗的长蛇座。在所有星座中，长蛇座的面积最大，但它没有突出的亮星。如果我们将星座的位置通过岁差回溯到几千年前，长蛇座就刚好沿着当时的天赤道分布，因此它实际上为当时的天文观测提供了简易的坐标。

此外，武仙座、蛇夫座、牧夫座和御夫座这四个以神话人物为原型的星座以及一些大型的南方“海洋型”星座可能是古希腊人此后新创造的。从公元前 540 年到前 370 年，这些不同来源的星座最终融合到古希腊人的天空中，成为古希腊的经典星座。

古希腊早期的天文学主要用于宗教、航海和农业等目的。古希腊人将恒星组织成星座，并且与时间和气象等信息结合起来创制历法，以此来分辨一年中的时间以及季节和天气的变化。

描绘柏拉图雅典学院的马赛克镶嵌画（公元前 100 - 100）。雅典学院是由柏拉图创立的，位于雅典城外西北角。

古希腊星座的形成在很大程度上归功于古希腊文学的发展及其深远影响。在公元前 8 世纪的荷马时代，古希腊人已经将他们最熟悉的星座和恒星的名称与一年中的时间联系起来。从荷马所著的《伊利亚特》与《奥德赛》（合称《荷马史诗》）中，我们不仅可以了解古希腊人的宇宙观，也能从中瞥见他们对星座和天体的认识。荷马将天空描述成布满繁星的穹顶，这个穹顶是用青铜或铁制成的，被巨大的柱子支撑着，坚固且遥不可及。天穹上布满由众多恒星组成的星座，如大熊座、猎户座、大角星、昴星团、毕星团等。当然，这些星座的

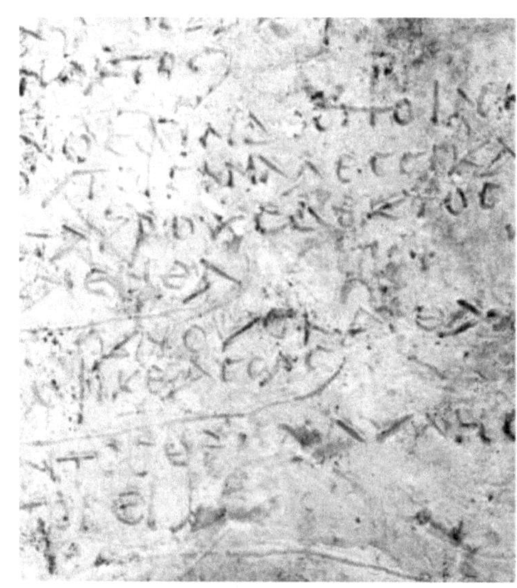

荷马与已知最古老版本的《奥德赛》节选。

起源自然要比这些古希腊诗人的作品更早。

在荷马之后，古希腊诗人赫西俄德的诗作《工作与时日》（公元前8世纪末）几乎囊括了此前《荷马史诗》中已有的星座及其命名。他将星座和人们的日常生活联系得更加紧密，为确定重要的宗教、航海和农业日期提供了切实可行的建议。此外，与荷马更多地关注单个恒星不同，赫西俄德对使用星座来标记天气情况更感兴趣。

古希腊早期对星座的记载主要零散地出现在各种史诗和其他文学作品中。直到公元前4世纪，天文学家欧多克索斯（公元前408－前355）才正式为星座提供了一组较为完整的描述。这些内容在他的两部作品《镜像》（*Enoptron*）

古希腊诗人荷马所著的《奥德赛》总共有12109行诗句，讲述了伊萨卡国王奥德修斯在特洛伊城陷落后漂泊十年，试图返回故乡的故事。《奥德赛》是荷马继《伊利亚特》之后的第二部主要诗作，一般认为其创作年代是公元前725年至前675年。人们普遍认为，《奥德赛》是世界上最伟大的文学作品之一。近些年来，希腊考古学家还发现了刻有已知最早版本的《奥德赛》的碑石。

和《物象》（*Phaenomena*）中有所体现，欧多克索斯可能是在古埃及旅行时接触这些星座的。除了著作，他还可能制作了一个天体仪，标记了一些恒星，并记录了美索不达米亚的黄道十二星座。然而，他的作品并没有流传下来，我们无法判断欧多克索斯描述星座的具体顺序以及他所描述的细节。不过，在阿拉托斯（约公元前 315－前 240）富有诗意的著作中仍保留了一些有关星座的内容。

阿拉托斯雕像。

公元前 315 年左右，阿拉托斯出生在基利西亚的索利（现在土耳其西南部地区）。经过在雅典的学习，他成为马其顿国王安提柯二世的宫廷诗人，国王要求他完成一部与欧多克索斯著作同名的诗作《物象》（完成于约公元前 270 年）。这部诗作包括约 1150 行诗句，其主要内容是描述天空中星座的外观及其相对位置。针对一些星座中的特定恒星，这部诗作偶尔也会提及其起源背后的神话，但这并不是这部诗作的主要关注点。另外，书中还描述了一些与气象有关的内容。在这本书中，阿拉托斯确定和描述了 47 个星座和天体，包括昴星团、水星座（对应于现在水瓶座的一部分）、小犬座的南河三等。这也是古希腊经典星座较早的一次集中展现。虽然诗作《物象》的早期版本未能流传下来，但这本书在古代西方非常受欢迎，后来被翻译成了拉丁文，现在的拉丁文版本可以追溯到 9 世纪初。

另一部关于古希腊星座的重要著作是《星座》（*Catasterismi*），这是一部关于星座的神话起源的解释性著作，但原书已不复存在。据记载，这本书共包含 42 个关于星座和五大行星的故事，以及两个关于银河系的故事。与阿拉托斯的著作不同，这本书主要聚焦于星座的神话故事。这本书曾被认为是古希腊数学家埃拉托色尼（公元前 274－前 194）的作品，但一些人认为这不过是托其名的伪作。尽管如此，这本书还是影响了很多后来者，比如古希腊作家海吉努斯。

海吉努斯收集了古希腊的星空神话，并完成了一部名为《诗意天文》（*Poeticon Astronomicon*）的作品。他曾被认为是公元 1 世纪的历史学家朱利叶斯·海吉努斯，但是现在人们认为他更可能是另一位生活在公元 2 世纪、被称为海吉努斯的人。与《星座》相似，《诗意天文》主要介绍星座的神话故事，并且描述了每个星座中主要恒星的位置。它还包含一些额外的故事，同时也受到阿拉托斯诗作《物象》的影响。在中世纪和文艺复兴时期，有大量关于《物象》和《诗意天文》的插图抄本，甚至有雕版印刷本。这也是最早印刷出版的关于星座的著作。

《物象》（9 世纪拉丁文抄本）中的猎户座与昴星团。猎户座是冬季星空中最引人注目的星座，其形象来源于古希腊神话中的猎人俄里翁。昴星团是位于金牛座天区内的一个明亮的疏散星团，在北半球晴朗的夜空中，人们用肉眼就可以看见它。由于通常人们只能看到六七颗亮星，因此它也常被称为七姐妹星团。

第 3 章　千古所秘：从天球到星图

南宋诗人陆游（1125 – 1210）在《读书》一诗中曾提到“忆昔年少时，把卷惟引睡”的情景，以较后来有“老来百事废，却觉书多味”之感。陆游以此来表达读书的乐趣和重要性，同时也对“天球及河图，千古所共秘。幸今发其藏，虽老敢自弃”感慨万千。诗中的“天球”指的是浑天仪和浑象一类的东西，在古代可用来观测或演示天象，现代一般分别称为浑仪和天球仪。“河图”是古代流传下来的一种神秘图案，这种神秘图案起源于天上的星宿，蕴含着深奥的宇宙星象密码，与如今反映不同宇宙观的天文图和星图相似。

在中国古代，由于天文学研究长期受皇室控制，这些天球、河图不易被普通人接触，因此一直属于“千古所共秘”的事物。假如我们将这句话挪用到西方，实际上也会有类似的情形。西方的天文学虽然不像中国那样受到严格的官方限制，但是由于天球制作复杂，星图绘制不易，通常也只有教会和王室贵族才能拥有。在文艺复兴和印刷术流行之前，天球和星图在西方同样也是“千古所共秘”的珍宝。

法尔内塞宫的珍宝

在意大利罗马有一座名为法尔内塞宫的宫殿，这座文艺复兴时期的著名建筑是在 1517 年专门为法尔内塞家族而设计的。法尔内塞家族在文艺复兴时期很有影响力，这个家族出现了很多重要人物，包括教皇保罗三世和枢机主教亚历山德罗 · 法尔内塞等。如今，这里已成为法国驻意大利大使馆。

法尔内塞宫作为教皇的官邸，曾经是一个珍宝云集的地方。这座宫殿的大厅中有一幅完成于 1574 年左右的壮观的星图壁画。也许出于教宗的偏爱，这幅星图采用了从天球外部看的上帝视角，这与人们实际观看星空的方向正好相反。这幅星图中绘制了 49 个星座，除了传统的托勒密四十八星座之外，在天鹰座和人马座之间还有一个安提诺座（安提诺乌斯是古罗马有名的美男子，他是罗马皇帝哈德良的男宠，此星座后来被并入天鹰座）。

法尔内塞宫。

法尔内塞宫壁画。

法尔内塞宫的壁画星图。

法尔内塞宫壁画星图采用了赤道坐标，而非欧洲传统的黄道坐标。图中部的三条平行线分别是南、北回归线和天赤道，三条线中间的曲线是黄道，我们可以看到黄道穿过 13 个星座（包括蛇夫座的双脚）。春分点位于双鱼座，夏至点位于双子座，秋分点位于室女座，冬至点位于人马座，这与当时的实际情况大致相符。

此外，牧夫手中牵着两条狗，像极了猎犬座。不过猎犬座是 17 世纪波兰天文学家赫维留设立的星座，此时还没有出现。与其他星座不同，画面中的猎犬身上没有任何代表恒星的星点，而且它的位置更接近现代小狮座与后发座的位置。或许星图的绘制者只是想给牧夫配一对牧羊犬，或者后来的赫维留受此图启发设立了猎犬座，这也未可知。

这幅星图的左上角和右下角分别绘有宙斯和法厄同，展现了关于法厄同之死的古希腊神话。太阳神赫利俄斯之子法厄同请求父亲将太阳车借给他驾驶一天，但是他完全不懂得驾驭之道，太阳车横冲直撞，大地变成一片火海。为了制止这场灾难，宙斯只好用闪电劈死法厄同，于是法厄同坠入波河，波河也就成了位于猎户座西南方向的波江座。

法尔内塞宫的这幅壁画堪称文艺复兴时期的星图杰作，上面还绘有坐标线和较为准确的分至点（春分点和冬至点）位置，所以它不仅是一幅精美的天顶壁画，而且是一幅相对科学的天文图。图中的星座基本上沿用了古希腊天文学家托勒密创立的 48 个传统星座，这也是西方星图长期以来的一个重要特征。托勒密的星表被认为是古代西方恒星观测的巅峰之作，在此后的 1000 多年里，

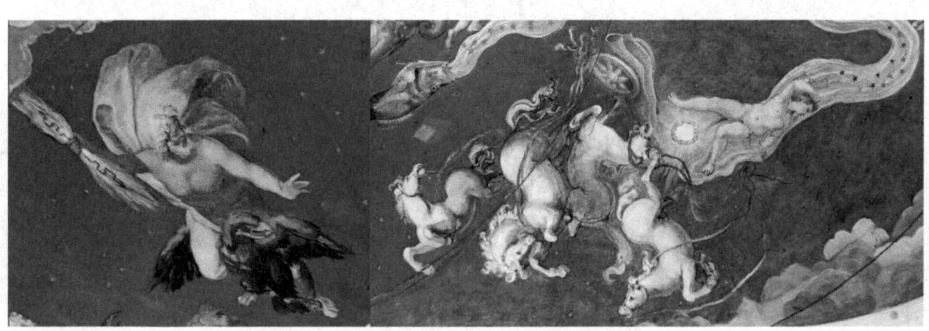

宙斯与坠河的法厄同。

他的星座体系也一直被奉为圭臬。

在前面我们已经介绍了希腊诗作和其他文学作品中对星座形象和相关古希腊神话的描述，不过这些作品对古希腊天文学发展的作用比较有限。换言之，仅仅用古希腊神话般的叙述语言来解释这些恒星是远远不够的。

其实，最早对恒星进行系统观测的古希腊天文学家是喜帕恰斯（又译为依巴谷，约公元前 190 – 前 125）。除了对古希腊数学、物理和天文学的贡献外，喜帕恰斯还编制了一份包含至少 850 颗恒星的星表，并根据黄道坐标体系列出了天空中不同恒星的位置。喜帕恰斯还将他观测到的恒星与前人的记载相比较，发现了岁差现象，也就是地球自转轴的进动导致春分点沿黄道西移的现象。

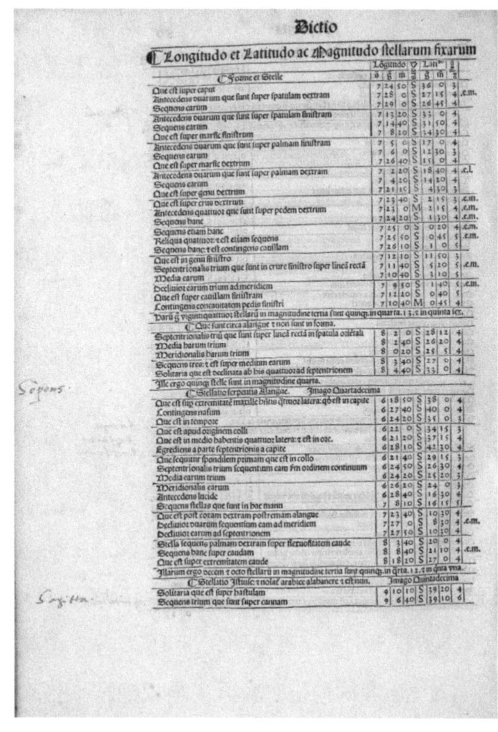

Dictio

Longitudo et Latitudo ac Magnitudo stellarum fixarum

Forme et Stelle	Lōgitudo s	g	m		Lat. g	m	Magni.	
Que est super caput	7	24	50	S	36	0	3	
Antecedens duarum que sunt super spatulam dextram	7	28	0	S	27	15	4	.e.m.
Sequens earum	7	29	0	S	26	45	4	
Antecedens duarum que sunt super spatulam sinistram	7	13	20	S	33	0	4	
Sequens earum	7	14	40	S	31	50	4	
Que est super marsic sinistrum	7	8	20	S	34	30	4	
Antecedens duarum que sunt super palmam sinistram	7	5	0	S	17	0	4	
Sequens earum	7	6	0	S	12	30	3	
Que est super marsic dextrum	7	26	40	S	15	0	4	
Antecedens duarum que sunt super palmam dextram	7	2	20	S	18	40	4	.c.l.
Sequens earum	7	4	20	S	14	20	4	
Que est super genu dextrum	7	21	15	S	4	30	3	
Que est super crus dextrum	7	23	40	S	2	15	3	.e.m.
Antecedens quattuor que sunt super pedem dextrum	7	23	0	M	2	15	4	.e.m.
Sequens hanc	7	24	20	S	1	30	4	.e.m.
Sequens etiam hanc	7	25	0	S	0	20	4	.e.m.
Reliqua quattuor: et est etiam sequens	7	25	50	S	0	45	5	.e.m.
Sequens hanc: et est contingens cavillam	7	26	10	S	1	0	5	
Que est in genu sinistro	7	12	10	S	11	50	3	
Septentrionalis trium que sunt in crure sinistro super lineā rectā	7	11	40	S	5	20	5	.e.m.
Media earum	7	10	40	S	3	10	5	
Declivior earum trium ad meridiem	7	9	50	S	1	40	5	.e.m.
Que est super cavillam sinistram	7	12	20	S	0	40	5	
Contingens concavitatem pedis sinistri	7	10	40	M	0	45	4	
Harū ḡ vigintiquattuor stellarū in magnitudine tertia sunt quinque. in quarta. 13. et in quinta sex.								
Que sunt circa alangue et non sunt in forma.								
Septentrionalis triū que sunt super lineā rectā in spatula orietali	8	2	0	S	28	12	4	
Media harum trium	8	2	40	S	26	20	4	
Meridionalis harum trium	8	0	20	S	25	5	4	
Sequens tres: et est super medium earum	8	3	40	S	27	0	4	
Solitaria que est declinata ab his quattuor ad septentrionem	8	4	40	S	33	0	4	
Ille ergo quinque stelle sunt in magnitudine quarta.								
Stellatio serpentis Alangue. Imago Quartadecima								
Que est sup extremitatē maxille hñtis q̄ttuor latera: qđ est in capite	6	18	50	S	38	0	4	
Contingens nasum	6	27	40	S	40	0	4	
Que est in tempore	6	24	20	S	35	0	3	
Que est apud originem colli	6	22	0	S	34	15	3	
Que est in medio habentis quattuor latera: et est in ore.	6	21	20	S	37	15	4	
Egrediens a parte septentrionis a capite	6	28	10	S	42	30	4	
Que sequitur spondilem primam que est in collo	6	21	40	S	29	15	3	
Septentrionalis trium sequentium eam sm ordinem continuum	6	24	50	S	26	30	4	
Media earum trium	6	24	20	S	25	20	3	
Meridionalis earum	6	26	20	S	24	0	3	
Antecedens lucide	6	28	40	S	16	30	4	
Sequens stellas que sunt in hac manu	7	8	10	S	16	15	5	
Que est post coxam dextram postremam alangue	7	23	40	S	10	30	4	
Declivior duarum sequentium eam ad meridiem	7	27	0	S	8	30	4	.e.m.
Declivior earum ad septentrionem	7	27	50	S	10	30	4	
Stella sequens palmam dextram super flexuositatem caude	8	3	40	S	20	0	4	
Sequens hanc super caudam	8	8	40	S	21	10	4	.e.m.
Que est super extremitatem caude	8	18	20	S	27	0	4	
Illarum ergo decem et octo stellarū in magnitudine tertia sunt quinque. in q̄rta. 12. et in q̄nta vna.								
Stellatio Istuisc: et nolat arabice alabanere et est tun. Imago Quintadecima								
Solitaria que est super hastulam	9	10	10	S	39	20	4	
Sequens trium que sunt super cannam	9	6	40	S	39	10	6	

托勒密《天文学大成》中的恒星表格。表格左边通过恒星的位置对其进行了定性的命名，右边的数据则包括恒星的经度、纬度和星等。

喜帕恰斯的工作对后来的古希腊天文学家托勒密产生了深远影响，古希腊天文学也由此达到了顶峰。托勒密曾在埃及的亚历山大工作，他大约在公元 150 年总结了古希腊的天文知识，完成了古希腊天文学的集大成之作《天文学大成》。这本书后来被翻译成阿拉伯文，并以《至大论》（*Almagest*）之名著称。托勒密的著作中包括了一份含有 1022 颗恒星的星表，这些恒星被划分为 48 个星座。

其实，托勒密并没有像现在的天文学家那样用希腊字母或数字为星表中的恒星命名，而是用定性的文字来描述它们在每个星座图中的位置，以此来替代名称。例如，金牛座中的一等星毕宿五被描述为“南方眼睛上的那颗红色星星”，猎户座的一等星参宿四被描述为“右肩上最亮的红色星星”。不过，尽管没有采用系统的恒星命名方式，托勒密还是列出了每颗恒星在黄道上的精确经度和纬度，以及它们的星等信息。

虽然只有一些比较著名的亮星有单独的名字，托勒密的这些工作在此后的著作中被广泛采用。很明显，古希腊人认为星座仅仅是恒星的组合方式，它也是天空中真实的景象。如果给恒星以单独的名称，自然更容易识别一些，但是与 4 个世纪之前的阿拉托斯相比，托勒密只增加了 4 颗单独恒星的名称（即牛郎星、织女星、轩辕十四和心宿二的希腊名称）。

在托勒密的 48 个星座中，北半球有 27 个，南半球有 21 个，其中包括 12 个黄道星座。此后，古罗马天文学基本上继承了托勒密的遗产。托勒密的星座对后来天文学的发展产生了很大的影响，今天我们所使用的星座大多是在托勒密工作的基础上发展而来的。托勒密的 48 个星座在接下来的 1500 多年里成为西方的经典星座。

对此，英国首位皇家天文学家约翰·弗拉姆斯蒂德曾评价道：“从托勒密的时代到现今，其所用的恒星命名方式一直为世界各国有识之士所沿用，阿拉伯人的星座系统同样基于他的工作，甚至后来的哥白尼、第谷·布拉赫等人制作的星表亦是如此。”

刻有《罗马历法》和黄道十二星座的石柱及其细节（公元 1 世纪）。

时间之神和四周环绕黄道十二星座的马赛克镶嵌画（公元 200 – 250）。

天球中的宇宙奥秘

由于在平面上绘制星图需要一定的代数和几何知识，所以人们最早对星空图像的描述首先是从天球开始的。尽管早期的不同文明对于大地的形状有不同的认识，但是天体每天的东升西落使人们对天是球形的看法并没有异议。无论是古希腊的“同心球”宇宙模型还是中国古代的“盖天说”和“浑天说”宇宙模型，都没有人反对将天看成一个球体。因此，在绘制星图的早期阶段，当人们还不能准确地将球面上的一个点投影到平面上时，直接将星图绘制到天球上就是一种很好的解决方法。

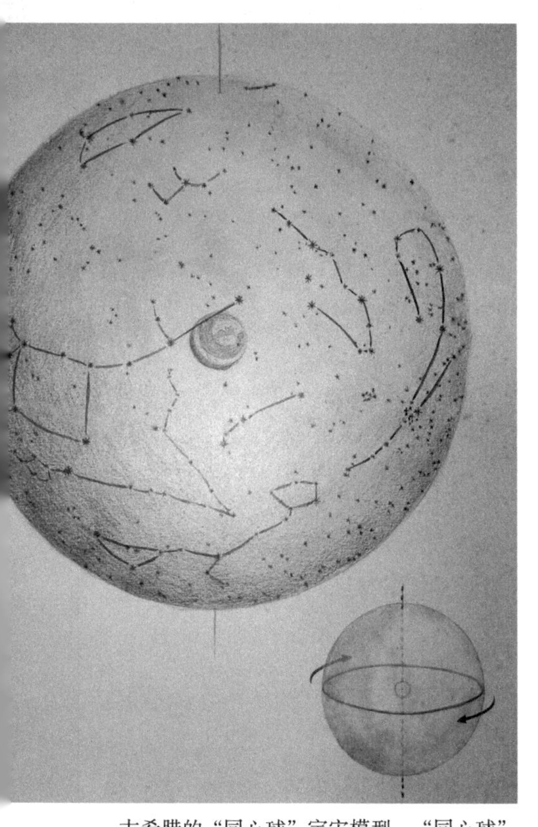

古希腊的“同心球”宇宙模型。“同心球”模型认为整个宇宙是一个球体。宇宙分为两部分，一部分是位于中心的地球，另一部分是包裹着地球且不停转动的天球。日月星辰都在天球上运行，天与地互不干扰。

中国古代的“盖天说”宇宙模型。“盖天说”是中国古代的一种宇宙学说，大约起源于殷周时期。该学说认为“天象盖笠，地法覆盘”，即天像拱形的斗笠盖在平坦的大地之上。

古巴比伦人的宇宙模型。地球置于三层天堂与一层地狱之间，整个宇宙体系外围被“天国之海”所包围。

大家应该熟悉东汉天文学家张衡，他曾制作了一台浑天仪。《晋书·天文志》中记载道：“张平子既作铜浑天仪，于密室中以漏水转之。”因为它被用在密室里，所以自然不可能是用来观测天体的浑仪，只能是一种演示仪器，也就是所谓的浑象。其实，早期人们经常将浑天仪、浑仪和浑象这些名称混用。

在张衡的浑天仪中，主体是一个巨大的圆球，球上画有不同的星座和恒星，也画有赤道和黄道，类似于现代的天球仪。不过，这个天球仪可以利用水流来推动天球自东向西转动，这样众星列布的天球就能反映出与外面的真实天象完全吻合的景象。

事实上，在与张衡同一时期的西方也有类似的天球，比如法尔内塞天球就是最著名的天球之一。它们的区别在于，张衡的天球仪能够转动，是用来展示天象的科学仪器，而法尔内塞天球则是公元 2 世纪的罗马大理石雕塑，是一件精美的艺术品。

法尔内塞天球。天球雕塑中蹲伏的泰坦巨人阿特拉斯肩扛巨大的天球。整个雕塑高约 2.1 米，天球球体直径约为 65 厘米。

关于这个天球的来历，古文物学家斯特瓦努斯·皮修斯于 1550 年访问罗马时就记录了在德尔布法洛葡萄园中发现这座天球雕塑的过程。当时的图画显示，这座雕塑由脸、胳膊和腿等部位组成，总体来说保存得较好，只是北极和南极周围的区域有所受损。其中，北天的小熊座和大熊座大部分缺失，南天的人马座、摩羯座和南鱼座也有缺失。

随后，这座雕塑被修复，并于 1562 年由法尔内塞主教购得，收藏在法尔内塞宫。1790 年 4 月，它再次被修复。1800 年天球雕塑作为法尔内塞家族继承人的财产被运往那不勒斯，1860 年意大利统一后被收归国有，现收藏于那不勒斯国家考古博物馆。尽管这个天球的尺寸很大，但就像前文所说的，它实际上并不是一件精密的天文仪器，而且天球上只有星座形象，并没有标注恒星。其中包括托勒密的 48 个古希腊星座中的 41 个，除了损坏的部分外，还缺少天箭座和三角座。

长期以来，法尔内塞天球被认为是罗马时代的一个雕塑，是反映古希腊早期星座的代表性作品。

人们普遍认为，这件可以追溯到公元 2 世纪的阿特拉斯天球雕塑是现存最古老的天球仪之一。有人甚至认为天球上的内容应该与古希腊天文学家喜帕恰斯的古老星表相符，至少古希腊的天文学成果在这个浮雕上应该有所体现。不过，作为一件艺术品，它并没有提供足够准确的天文学信息，所以它的来源至今仍有争议。

法尔内塞天球的线描图（1739）。

在近代考古发现中，有一些与西方早期天球仪有关的文物，但大部分保存得不完整，其中包括 1899 年在奥地利萨尔茨堡发现的星座圆盘碎片（半径为 40.6 厘米）。这块碎片仅存白羊座、金牛座、双子座和双鱼座四个黄道星座以及仙女座、三角座、英仙座和御夫座四个北方星座，其年代可以追溯到公元 2 世纪。

据推测，这个圆盘应该是用水力驱动的天文钟的钟盘，通过它可以标记太阳在黄道带中的位置，调整一年中的昼夜时间分布，也可以显示出星座的起落时间。

萨尔茨堡星座圆盘碎片及线描图。

另一件文物是罗马时期的一个大理石天球仪的一块残片（33 厘米 × 11.2 厘米），现藏于柏林国家博物馆。天球仅以浮雕的形式呈现不同的星座，残片上面包括天琴座和天鹅座的图像以及武仙座和仙后座的一部分。另外，残片上面还有不同的星点，不过这些星点随机分布在星座中，只是起到营造星空氛围的装饰作用，并不代表恒星在星空中的真实位置。

罗马时期的天球仪残片。

已知年代最早的西方天球仪为库格尔天球，尽管其具体年代现在还不能确定，但它可以追溯到公元前 2 世纪或前 3 世纪。这个天球是一个直径为 6.3 厘米的小银球，2002 年在土耳其东部最大的咸水湖——凡湖中被发现。球体上刻有 48 个星座的图像，其中 46 个是经典的古希腊星座，还有两个未命名的星群。另外，球体上还有天赤道、黄道、南回归线、北回归线、恒显圈、恒隐圈等刻线。

这个天球上的黄道星座并没有按区域等分，一个重要的标志是春分点的位置位于白羊座的前腿附近，即白羊座 8 度至 10 度。这里与早期的春分点位置相一致。此外，有趣的是，这个天球上的黄道十二星座中并没有专门的天秤座，天秤座只是作为天蝎座利爪的一部分。这在早期的天球仪上也是比较常见的。

球体的南极位置上有一个直径约为 3.5 厘米的圆孔，这部分刚好与处于不可见恒星之间的恒隐圈相吻合。有观点认为，天球的制作者可能是一个不太懂天文学的金匠，这个天球可能只是从一个已有的天球复制而来的，而且很可能是一个经过修复的天球。因为制作者似乎忠实地复制了其中的铆钉，并将其作为天体符号，例如大熊座的下方和狮子座的上方分别有一个圆形和方形的铆钉。

库格尔天球。黄道十二星座中的天秤座只是作为天蝎座利爪的一部分。

库格尔天球上春分点的位置。天文学家和考古学家就是通过春分点的位置来推断其大致年代的。

库格尔天球上的御夫座和英仙座。在希腊神话中，御夫座是一个驾驭战车的英勇车夫，英仙座则代表传说中的英雄珀尔修斯。珀尔修斯杀死了蛇发女怪美杜莎，因此他经常被描绘为手提美杜莎头颅的形象。

另一个早期的天球仪是美因茨天球，这是一个直径约为 11 厘米的黄铜天球仪，制作年代在公元 150 年至 220 年之间，但是其来源尚不清楚。它可能来自小亚细亚地区。这个天球上描绘有 47 个星座，其中 45 个属于经典的古希腊星座，另有两个未命名星座。美因茨天球的北极位置上有一个小的方孔（8 毫米 ×8 毫米），南极位置上有一个较大的圆孔（直径为 39 毫米），因此它很可能是曾经固定在某件器物上的装饰，比如日晷上的零件。

美因茨天球。

璀璨的绘本星图

在西方，除天球之外，早期星图的绘制多以羊皮纸为载体。在古代西方，书籍常常能反映社会的变迁，而最初的书籍内容多与宗教信仰有关。在 15 世纪中叶印刷术普及以前，欧洲的书籍基本上都是手抄本。7 世纪，一些宗教信仰中心的抄书修士不断尝试用新的形式装饰和制作书籍，使文字更能反映上帝的荣美。有些精心抄写的经文、圣书、圣歌和祈祷书通常都有精美的插图。这些最初仅存于寺院、教堂的书后来流入民间，被民间富豪所追捧，成为社会地位的象征。

拜占庭地区的星座插图（9 世纪上半叶的手抄本）。图的中央为太阳神，外面一圈为 12 个月，最外一圈为黄道十二星座。

事实上，星座图像在中世纪文本（例如宗教书籍、占星学论著和古典诗歌中）还经常作为装饰性插图使用。在中世纪手抄本中，与星座有关的书籍当数阿拉托斯的《物象》和海吉努斯的《诗意天文》。这些手稿都为早期希腊诗作的拉丁文抄本，现存最早的手抄本可以追溯到9世纪初。当然，在这些手稿插图中，恒星一般是在没有坐标系的情况下被并不准确地标示出来的。由于不能精确地表示恒星在天空中的位置，它们更多的只是在艺术上的表现，所以实际上并不算是真正的科学星图。

《物象》这首天文学长诗在西方的影响很大，它曾不断地再版和重印，还被翻译成拉丁文和阿拉伯文。《物象》对各个星座及恒星群进行了描述，还介绍了它们的起落规律。读者可以据此来判断夜晚的时间。大英图书馆中收藏有《物象》的一部中世纪手稿，其中绘有各种星座的图像。这部描绘在羊皮纸上的手稿大约完成于10世纪的意大利。有意思的是，这些不同星座的图像轮廓实际上是由文字构成的，这些文字是对海吉努斯《诗意天文》中星座神话的摘录。这类手稿除了具有美感，还将古希腊的两位著名诗人关于星座的文学与神话诠释完美地结合起来。

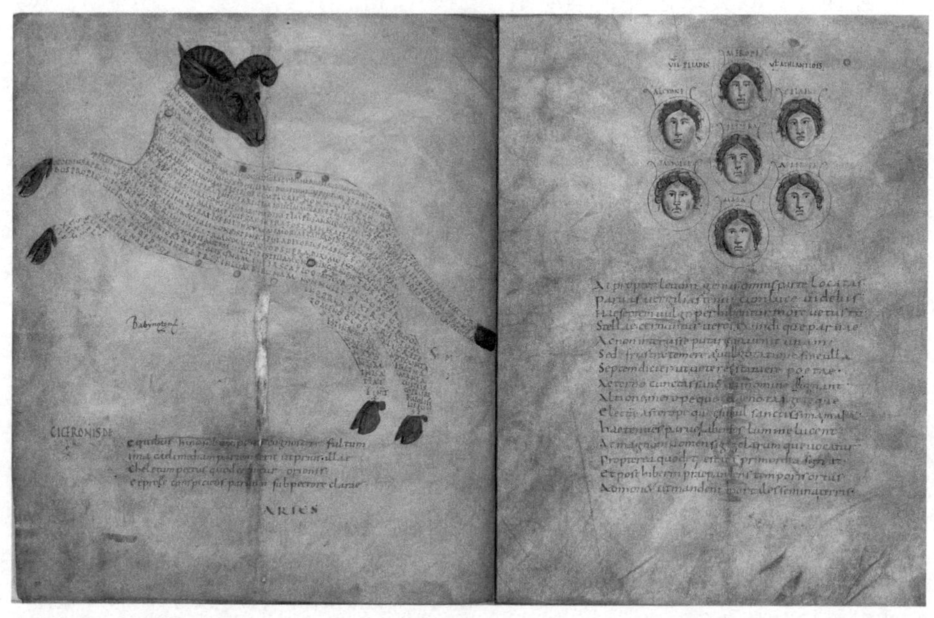

大英图书馆所收藏的《物象》中的白羊座与昴星团。

荷兰莱顿大学图书馆藏有《物象》的另一部手抄本，这是 9 世纪加洛林文艺复兴时期的杰作。这部羊皮纸手稿包含 43 幅动物和神话等星座形象的图像，这些星座里的星星都被贴上了金箔。尽管它们并不代表我们在仰望夜空时所看到的星空，也不提供任何关于恒星位置的坐标信息，但是这些生动而绚丽的图像让一个个星座跃然纸上，相当璀璨夺目。

莱顿大学所收藏的《物象》中的星座图像，依次为天鹰座、白羊座、摩羯座与英仙座。

1490 年托勒密天文算表英格兰手抄本中的星座。

中世纪的手稿一般都是由僧侣们撰写和配图的，抄完一本书往往要花上好几个月的时间。因此，除了教会、皇室和贵族以外，当时潜在的读者实际上很少，能买得起这些书的人则更少。因此，通过手稿传播的星图在手抄本时代是相当有限的。

10 世纪的《物象》手抄本。

华美的印刷星图

自9世纪以来，中国的雕版印刷术发展迅速。在1400年左右，这项技术传到了西方。15世纪50年代，德国工匠谷登堡发明了一种坚固的印刷机和铅合金活字印刷术，使印刷成为复制图像的首选方法。在此之前，书籍的复制只能靠手抄来解决，这样不仅费力，而且容易出错。相对于文字，图像的传播与流传更为困难。如果没有印刷术，星图就很难获得广大的读者。

进入文艺复兴时期后，印刷术使得地图和书籍的传播更加方便，而常用的印刷方法有凸版和凹版两种。所谓的凸版印刷通常指雕版印刷，一般使用木材来制作雕版。就传世的雕版而言，古人青睐梨木和枣木，因而书籍出版也有“付之梨枣”之说，而现代的印刷工匠则偏好黄杨木和银杏木等。

进行雕版印刷时，将木材锯成板材之后，要先检查每块木板是否有节疤和其他缺陷，然后将其浸在水中一个月左右，再将软化的木板表面打磨光滑。这时，木工就可以用足够锋利的切削工具轻松地刻出图案。将不印刷的部分镂空后，就可以用这块雕版进行印刷了。

早期使用雕版印刷的星座著作同样还是像《物象》和《诗意天文》之类的诗作，其中最早的是埃哈德·拉特多尔特印刷的《诗意天文》。拉特多尔特于1443年左右出生于奥格斯堡的一个艺术之家，1475年移居威尼斯，开始从事印刷业。那时，欧洲的印刷产业已经从德国转移到了意大利。15世纪70年代，威尼斯已经成为印刷业的中心，当时这里有100多家印刷作坊。1482年，拉特多尔特出版了欧几里得的《几何原本》，这也是第一部包含数学图形的印刷图书。此书的成功使他被视为当时最优秀的科学著作印刷商。同年，拉特多尔特又出版了《诗意天文》，书中包含47幅精美的木刻版画，其中39幅是星座图像。

在那个年代，《诗意天文》非常流行，不久便出现了许多不同的版本，一些类似的作品相继问世。1488年，安东尼乌斯·德·斯特拉特·德·克雷莫纳在威尼斯印刷出版了《物象》，该书包含38幅木刻版画，其中35幅为星座图像。此外，几乎在同一时期，托马斯·德·布拉维斯也在威尼斯印刷出版了《诗意天文》的另一个拉丁文版本，同样配有大量星座插图。

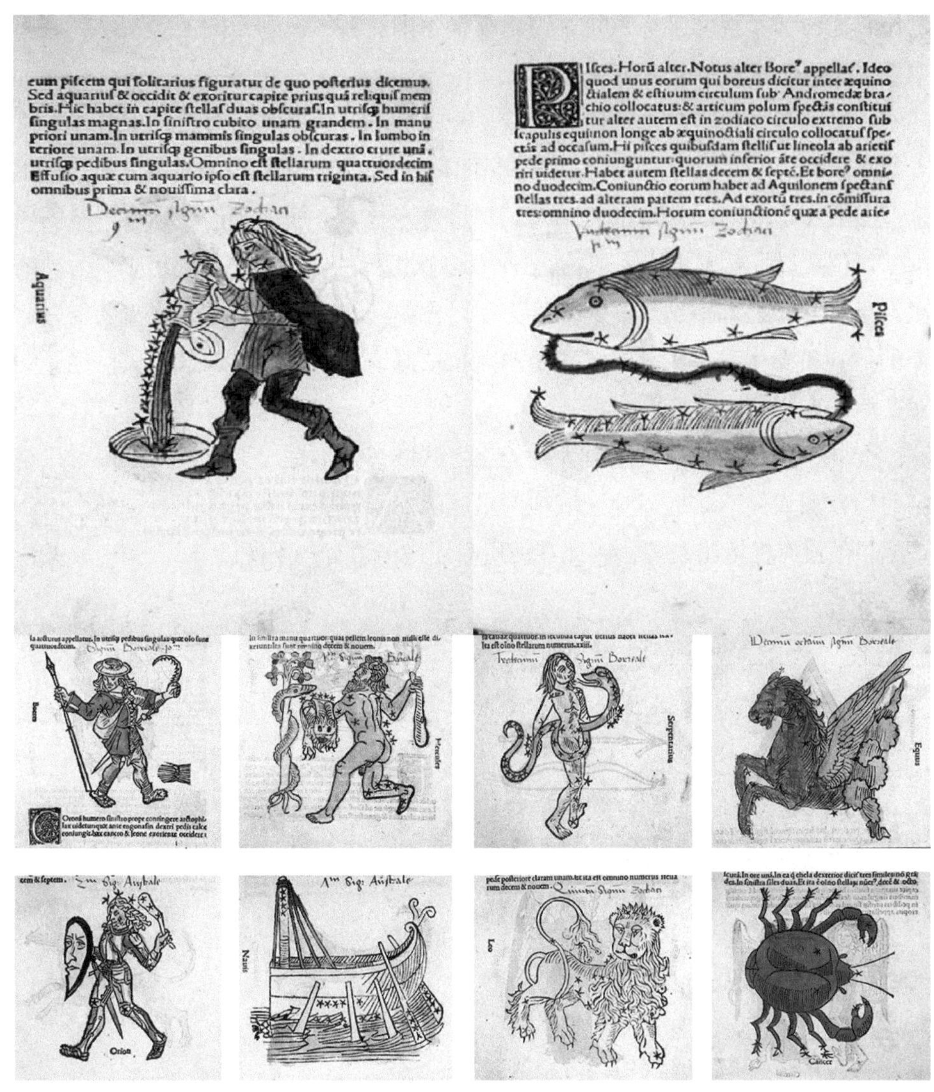

《诗意天文》1488 年的拉丁文版本中的星座图像。

在 15 世纪的欧洲，木刻版画的艺术价值越来越高，尤其受到技艺精湛的艺术家们的喜爱。而真正意义上的第一幅印刷出来的全天星图则是艺术家阿尔布雷特·丢勒（1471 - 1528）的杰作。丢勒是伟大的德国艺术家，1515 年他与奥地利制图师约翰尼斯·斯塔比乌斯和德国天文学家康拉德·海恩福格尔合作，完成了欧洲的第一幅印刷星图。其中，作为维也纳马克西米利安一世幕僚的斯塔比乌斯设计了投影坐标系统，海恩福格尔则更新了托勒密的《天文学大成》中的星表，负责重新标记星星的位置。

丢勒的星图由一对木刻版画组成，一幅显示黄道以北所有已知的星座，另一幅显示黄道以南所有已知的星座。星图每隔 30 度就从天极辐射出界线，利用这些界线和边缘处的刻度很容易对恒星进行定位，形成完善的坐标系。星图中的恒星位置以托勒密星表为依据，1000 多颗恒星的位置都被标记出来。丢勒的星图是科学和艺术相结合的典范。丢勒以古典人物形象为基础，用文艺复兴时期的宽袍和裸体取代了苏菲星图中的阿拉伯服饰和人物形象，这些风格也影响了此后几百年的星图艺术。

此外，星图中的南天还有大片的空白区域，并不是说那里没有星星，只是当时的欧洲人还不知道那片区域中的星座。如果硬要找出什么不足，那么由于这幅星图没有标记出星等，因此在使用时还是稍稍有些不便。

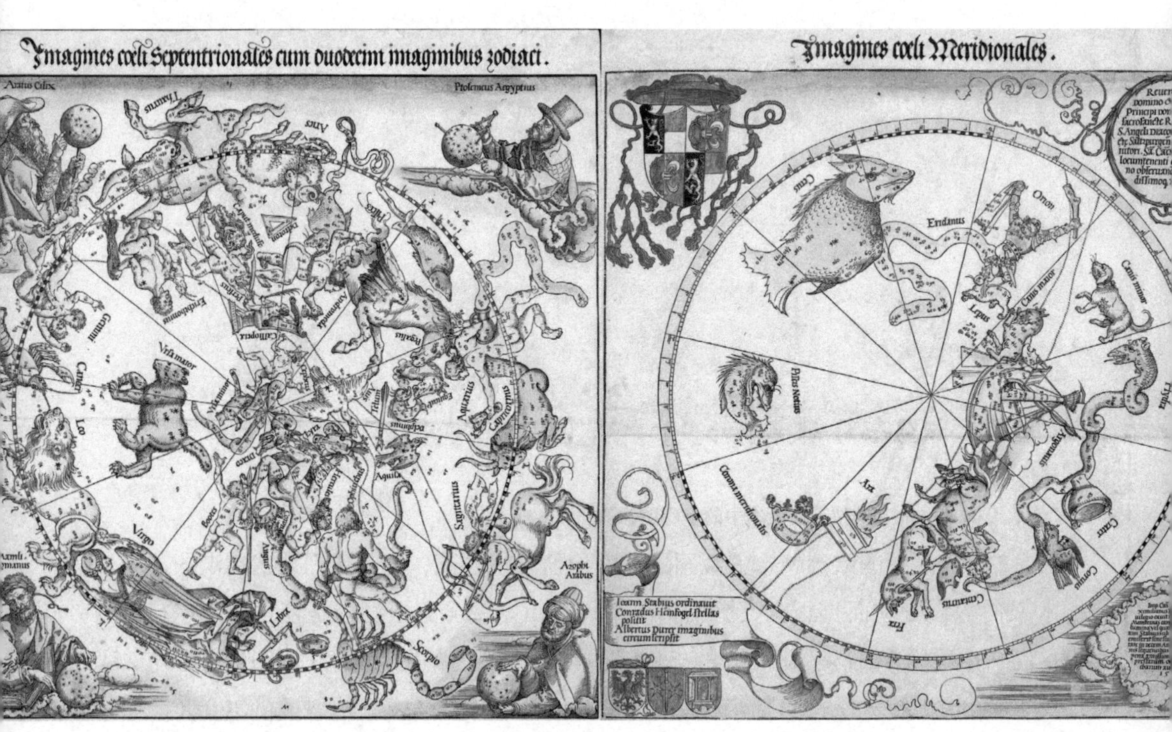

丢勒星图。左边为北天星图，四周绘有阿拉托斯、托勒密、马摩斯·奥雷柳斯与苏菲四位天文学家和星占学家，右边为南天星图。

丢勒的星图版画既展现出了艺术气质，又显露了他的商业头脑，不久也影响了后来的约翰内斯·洪特（1498 - 1549）等制图师。洪特曾印刷了一幅与丢勒星图相似的星图，只是对星座做了细微的调整和改变。

雕版印刷版画在当时受到很多人的追捧，不过当人们普遍使用雕版之后，很快便发现了它的缺点，那就是即便最坚硬的雕版在长期使用后依旧会逐渐磨损，而且只要反复印刷，线条便会模糊不清。虽然丢勒和提香等艺术家将当时的雕版工艺发展到极致，但雕版印刷逐渐无法满足大众的需求。如果借用现代的术语，那就是雕版的分辨率还是太低。于是，另一种形式的印刷方式——凹版印刷应运而生，其最为常见的形式就是铜版印刷。

铜版印刷的原理大致是用金属刻刀雕刻或酸性液体腐蚀等手段把所需的图样刻成铜版，再把油墨或颜料擦压在凹陷部分，用擦布或纸把凸起部分的油墨或颜料擦干净，然后将用水浸过的画纸覆于铜版上压印。

约翰内斯·洪特印刷的星图。

DESCRIZIONE DEL GLOBBO CELESTE DI FRANCESCO BRVNACCI.

Rappresentasi in questi due Piani il Globo Celeste diuiso in due Emisferÿ dall' Eclitica, che forma loro la Circonferenza partita in gradi 360. e sono figurati in detti Piani principalmente la Sfera del Firmamento, o Cielo Stellato con la distribuzione intorno delle 65. Imagini, o Configurationi inuentate fin hora dagl' Astronomi ad occupare le Regioni determinate di d.° Cielo Stellato per potere col mezo de Luoghi, e Nomi loro e delle loro parti determinare con facilità i Luoghi, et i Nomi delle Stelle in esso contenute, et additare la Via de varÿ loro mouimenti, chiamando perciò Fisse quelle, che per girare, che faccia il ranti al contrario chiamando quelle, che da una Imagine all'altra, e loro parti mutano Sito. Dodeci delle dette Imagini occupano il giro della Fascia del Zodiaco bipartita per lungheza dall' Eclitica sudetta (suo Circolo massimo), e 25. occupano la Parte Artica, 28. l'Antartica, nelle quali si contano ad Occhio nudo 17. Stelle di prima grandezza 63. di seconda, 196. di terza, 415. di quarta, 348. di quinta, 341. di sesta, 3. Nebulose, e 326. sparse fuori di d.e Imagini, che in tutto secondo Baiero sono 1709. ma col Cannochiale se ne uedono innumerabili auendone contate il Galilei in due soli gradi d'Orione sopra 500, e scoperto non essere altro le Nebulose, e tutta la Via Lattea, ch'una densissima moltitudine di picciole Stelle fisse. La Distanza di queste dalla Terra secondo Alcuni è 14000. Se delle Fisse quelle di prima grandezza si calcolano essere 107. uolte maggiori della Terra, e quelle di sesta 18. uolte. ma il Sirio Stella Maggiore tutte secondo Keplero 19766563375000, e secondo il Pre. Riccioli 5355. Appariscono delle Nuoue, Spariscono delle Antiche Altre s'ingrãdiscono Altre s'impiccoliscono alla nostra uista, il che congetturò Iparco dalla comparsa al suo tempo di due nuoue stelle, onde lasciò à Posteri descritto il Cielo in modo, che si potessero in esso riconoscere le future mutationi, delle quali ci prepara un Libro il Sig. Montanari sotto il titolo della Instabilità del Firmamento. Ne apparue nel 1572. Vna la più marauighosa di tutte nella Sede di Cassiopea della grandezza della Stella di Venere, e dopo 4 anni sparì lasciando in suo luogo una macchia oscura. Due Antiche di 2.a grandezza nella Naue tra la Pop... Mario nel 1612. sotto il Cingolo d'Andromeda, fu nel 1668. riueduta dal S. Casini, e nel 1681 dal S. Abb: Gioseppe Ponthio con altre mutationi in occasione dell'osseruationi della Cometa fatto dall'Accademia fisicomatematica di Roma eretta da Mons. Ill.mo Ciampini. In un Discorso il Sig. Montanari notò, che la più lucida del Capo di Medusa nel 1667. fosse di quarta grandezza nel 1668. di seconda, e nel 1670. di quarta, quale apparenza nelle fisse stimò il Bullialdo procedere per essere quelle da una parte non luminose, et il Sig. Montanari dalle Macchie sopra di esse generate come nel Sole, et Altri dall'allontanarsi da Noi. È proprio delle Fisse lo scintillare cioè risplendere con lume tremolo, et oltre il giro diurno uelocissimo col firmam.to sù i Poli del Mondo da Oriente in Occidente in hore 24. fanno intanto un altro moto lentissimo da Occidente in Or...

il P. Ricc...
stelle chia...
♂. ☉. ♀.
ry, altre
ad alcun...
moti int...
che per...
ad occh...
...

GLOBO CELESTE
ANTARTICO
CIRCOLO DELL' ECLITICA
CIRCOLO DEL BALENA
AQVARIO
CAPRICORNO
PESCE AVSTRALE
FENICE
GRVE
PIVME ERIDANO
TORO
INDIANO
OCA AMERICANA
IDRO
LEPRE
PAVONE
NVVOLA MA
NVVOLA MI
PESCE DORADO
COLOMBA DI NOE
ORIONE
POLO ANTARTICO
POLO DELL' ECLITICA
CORONA AVSTRALE
VCELLO DI PARADISO
CANE MAGGIORE
CAMALEON
PESCE VOLANTE
ARA
TRIANGOLO AVSTRALE
ALICORNO
LVPO
CROCIERO
CANE MINORE
GEMELLI
ARGONAVE
CENTAVRO
IDRA
TROPICO DEL CAPRICORNO
LIBRA
CORVO
CRATERE
LEONE
VERGINE
SPIGA DELLA VERG.
PIANETI
VENERE
MERCVRIO
LVNA

布鲁纳奇的铜版星图。

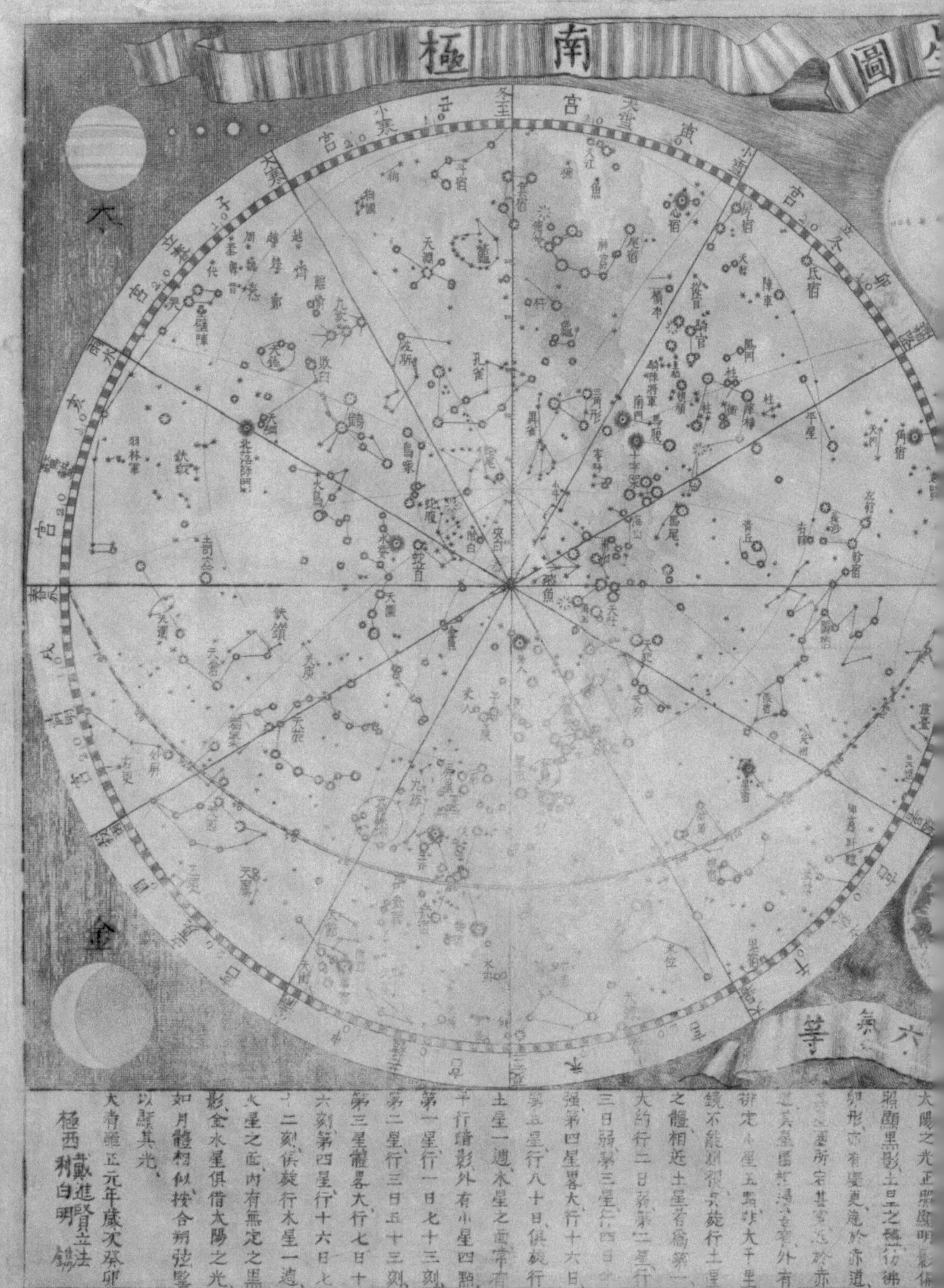

南極
之體相近土星者爲第一、
大約行二日弱第二星行
強第四星畧大行十六日、
第五星行八十日、俱旋行
土星一週、木星之面常有
平行暗影、外有小星四點、
第一星行一日七十三刻、
第二星行三日五十三刻、
第三星體畧大、行七日十
六刻、第四星行十六日七
十二刻、俱旋行木星一週、
火星之面、內有無定之黑
影、金水星俱借太陽之光、
如月體相似、按合朔弦望
以顯其光、
大清雍正元年歲次癸卯
極西戴進賢立法
利白明鐫

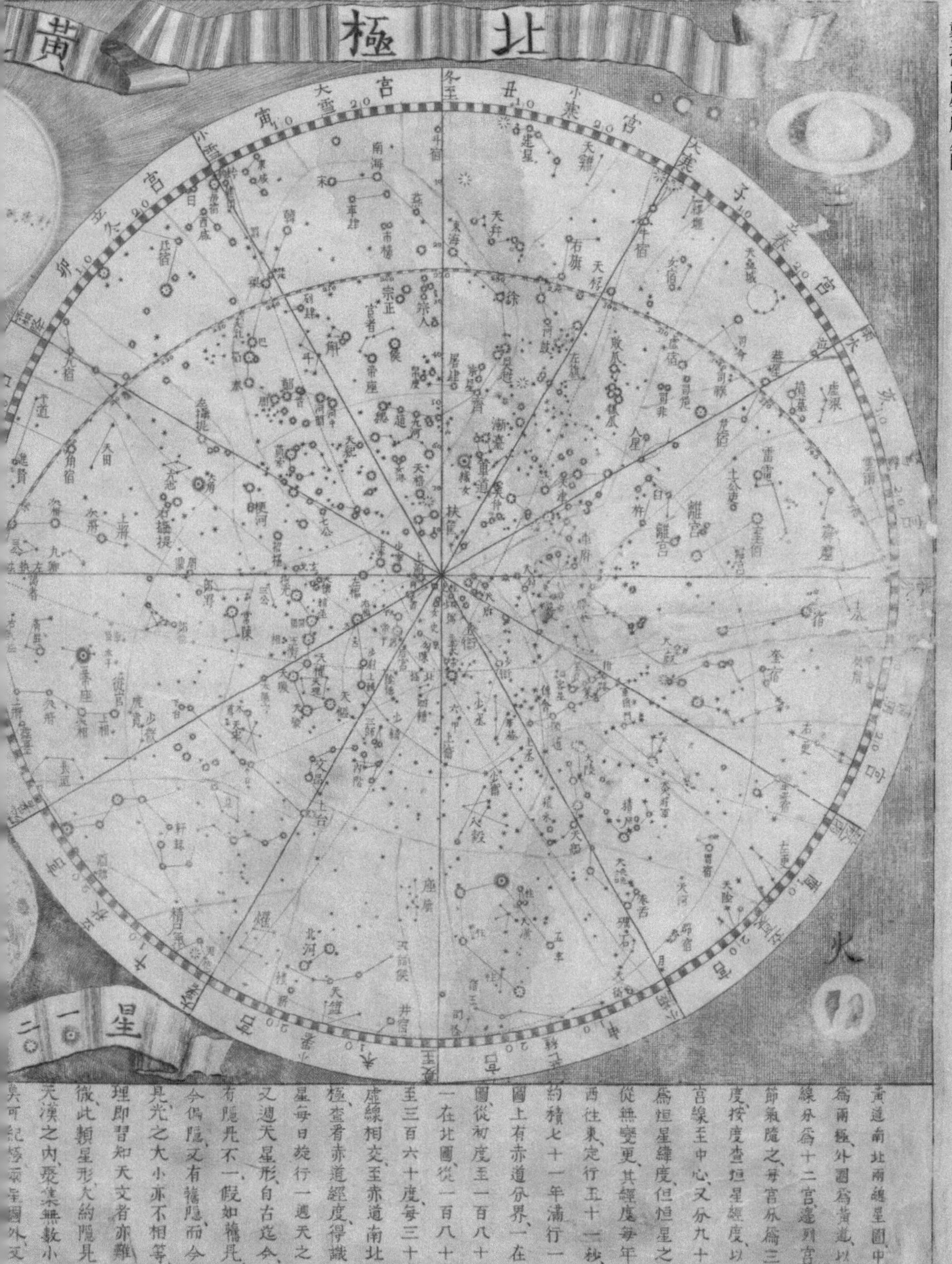
北極黃
星一二
黃道南北兩總星圖中心
爲兩極外圍爲黃道以直
線分爲十二宮逐列宮名
節氣隨之每宮分爲三十
度按度查恒星經度以丑
宮線至中心又分九十度
爲恒星緯度但恒星之緯
從無變更其經度每年自
西往東定行五十一秒大
約積七十一年滿行一度
圖上有赤道分界一在南
圖從初度至一百八十度
一在北圖從一百八十度
至三百六十度每三十度
虛線相交至赤道南北兩
極查看赤道經度得識恒
星每日旋行一週天之數
又週天星形自古迄今稍
有隱見不一假如舊見而
今偶隱又有舊隱而今反
見光之大小亦不相等此
理即習知天文者亦難明
微此類星形大約隱見於
天漢之內聚集無數小星

戴进贤的铜版星图。

虽然铜版印刷既缓慢又烦琐，施墨和清理铜版也相当费劲，但印刷出的图案精致而细腻，远非雕版印刷品可以比拟。另外，它可以忠实地复制出图案的细节，反映细微的色泽变化，让图像具有立体感，因此非常适合刊印更加精致的图案。

铜版印刷方法随即在星图印刷中发挥了重要作用。1687 年，意大利天文学家布鲁纳奇（1640 – 1703）完成了一幅名为“*Planisfero del Globo Celeste*”的星图，随后在罗马出版。这幅星图的内容参照了德国学者拜耳（1572 – 1625）于 1603 年出版的《测天图》（*Uranometria*），其下方的图注文字还介绍了星图中的恒星数量、星云数量以及相关符号标记等信息。

雍正年间，铜版也用于刊印中国星图。1721 年，意大利画家和雕刻家利白明（1684 – 1761）来到中国，负责制作戴进贤所绘制的《黄道总星图》的铜版。戴进贤是一名耶稣会传教士，他来到中国之后被康熙皇帝征召进京参与历法修订工作，雍正三年（1725 年）晋升钦天监监正，成为钦天监的实际负责人。他主持钦天监工作多年，在介绍西方天文学和天文观测方面做出了诸多贡献。戴进贤的这幅星图于雍正元年（1723 年）正式刊印。该图主要参考了比利时耶稣会士南怀仁《灵台仪象志》中的内容，并做了一些补充。这幅星图的镌刻细致准确，采用了西洋风格，图像甚为精美。这幅星图在装饰风格上也借鉴了布鲁纳奇的星图。

《黄道总星图》的下方有 500 余字的文字解说，详细地介绍了黄道坐标星图的特点、西方黄道十二宫与中国二十四节气的对应关系、查看恒星的经度与纬度的方法，以及岁差对星图的影响等内容。此外，其中还介绍了太阳黑子、金星位相、木星卫星和土星环等来自伽利略、卡西尼和惠更斯的新发现。

《黄道总星图》具有两个特点：第一个特点是采用黄道坐标系，也就是说该星图以黄极为中心，分别绘制了黄道南北两幅恒星图；第二个特点是星图中缝及四周绘制有当时欧洲使用望远镜后的诸多最新的天文发现。例如，图中部的上方绘有太阳黑子，中间绘有水星位相，下方绘有月面山海，左上角绘有木星及其卫星，右上角绘有土星环及其卫星，左下角和右下角分别绘有金星位相和火星表面。

第 4 章 智慧宫：阿拉伯人的星空

拯救古希腊天文学

伴随着罗马帝国的建立，曾经辉煌一时的古希腊天文学在欧洲逐渐消亡。罗马人对古希腊文化比较排斥，未能很好地继承和发展古希腊天文学。西罗马帝国灭亡后，欧洲长期处于分裂状态，深受古希腊影响的欧洲科学和文明随之大步倒退，进入了黑暗的中世纪，天文学也没能逃脱这样的厄运。

阿拉伯细密画中的天体形象。左图的上方为射手座和木星，下方依次为水星、月亮和土星。右图的上方为双鱼座。

随着伊斯兰教的兴起，阿拉伯人占据了广袤的土地，他们不仅活跃于中东地区，甚至在西班牙和北非地区也建立了自己的王国。当时，阿拔斯王朝在巴格达建立了全国性的综合学术机构——智慧宫，并在帝国哈里发（政教合一的领导人）马蒙的支持下，从各地收集来了数百种古希腊哲学和科学著作。

为此，马蒙还派人到君士坦丁堡，用重金从拜占庭皇帝的宫廷中求取古希腊文著作的珍本。这些作品后来被集中翻译成阿拉伯文。参与翻译的学者大多通晓多种语言，不仅是翻译家，也是知识渊博的学者。他们对古希腊、波斯和印度的大量古籍进行了译述。例如，当时的数学家塔比·伊本·库拉（826－901）就曾将托勒密最主要的著作《天文学大成》翻译成阿拉伯文，并取名为《至

Almagestū CL. Ptolemei
Pheludiensis Alexandrini Astronomoꝝ principis:
Opus ingens ac nobile omnes Celorū mo-
tus continens. Felicibus Astris eat in
lucez: Ductu Petri Liechtenstein
Coloniēsis Germani. Anno
Virginei Partus. 1515.
Die. 10. Ja. Venetijs
ex officina eius-
dem litte-
raria.
* * *

《天文学大成》的第一个印刷版。这是 1515 年在威尼斯印刷的拉丁文版的扉页，此书在当时依然是一本非常实用的纲领性天文学著作。

大论》。在 10 世纪之后，曾经一度失传的大量古希腊著作又被欧洲人从阿拉伯文翻译成了拉丁文，并再次传入欧洲。正因如此，古希腊的科学和文化遗产在即将断送殆尽的情况下被阿拉伯人拯救了出来。

事实上，阿拉伯天文学发展的一大推动力来自宗教需求。要使居住在阿拉伯帝国广大地区的穆斯林能够在正确的时间朝着正确的方向做礼拜，就需要寻找更好的方法来确定圣城麦加的方向，以及开发更加精准的授时技术。因此，星盘等天文仪器在阿拉伯地区得到了广泛应用。星盘其实就是一个可以转动的平面星空模型，上面用精美的镂空雕刻图案来表示黄道和主要的恒星，以镌有天球坐标的圆盘为底盘。表示星空的圆盘可以转动，用来测出特定亮星的高度角。

星盘用于测量高度角和方位。

使用者结合星盘上相应的部件，就能知道具体的时间。另外，建筑师也可以利用星盘找出麦加的方位，从而决定在清真寺中如何建造指向麦加的拱券结构。

阿拉伯人不仅翻译了托勒密的《天文学大成》等著作，而且改进和发明了许多天文观测仪器。阿拉伯人在许多地方建造了大型天文台，比如 1259 年由旭烈兀可汗建立的马拉盖天文台。这座天文台位于伊朗的西北部，其日常工作由宫廷天文学家和数学家纳速拉丁·图西负责。图西领导的天文学家团队进行了大量的观测活动，这些结果为后来哥白尼等人的日心说新理论的建立提供了重要的支持。可以说，阿拉伯天文学家通过长期的天文观测，进一步推动了天文学的发展。在恒星观测上，阿拉伯帝国在其鼎盛时期也具有很高的科学水准。10 世纪的阿拉伯科学家伊本·海什木在托勒密工作的基础上，留下了许多关于暗弱恒星和仙女座大星云（现称为仙女星系）的观测记录。阿拉伯人在天文学方面的努力也给当代科学留下了许多源自阿拉伯文的科学词汇，例如方位角（azimuth）、天顶（zenith）、天底（nadir）以及历书（almanac）等。

► 阿拉伯天文学家使用浑仪进行裸眼测绘。

随着技术的进步，星图的绘制越来越便捷，古人并不缺乏辅助手段。在古代中国、巴比伦、印度乃至后来的欧洲都建立了专门的天文台，用来观测与记录天体的位置和运行轨迹。这些天文台均配备有精密的观测仪器。

早期的天文观测仪器主要包括浑天仪、象限仪以及纪限仪（六分仪）等，中世纪的阿拉伯天文学家使用浑仪来测量黄道的位置（太阳在天空中视运动的路径）。浑仪是一个球体，上面有一系列环状结构，用来表示黄道、赤道、子午圈等的位置。当使用时，观测者根据所处的纬度，将浑仪的天极对准天球的北极方向，以确保调准浑仪的姿态。接着将窥管对准需要观测的天体，通过浑仪上相应的圆环刻度，观测者就能读出这些天体的坐标位置。古代中国和希腊都有自己的早期浑仪，后来阿拉伯天文学家对其进行了大幅改进，将浑仪进一步大型化。有了这些仪器，天文学家就能绘制出更加精确的星图。

苏菲的《恒星之书》

在古希腊学者的著作传遍阿拉伯地区之后，阿拉伯人将希腊星座与当时的阿拉伯星座结合起来。公元 964 年左右，阿拉伯天文学家苏菲（903 – 986）出版了一部名为《恒星之书》的著作。在这本书中，苏菲根据自己对恒星的观测，对托勒密的星表进行了修正，尤其是其中关于恒星星等和颜色的内容。他完成了一份包括 1018 颗恒星的星表，包含它们的大致位置、星等和颜色等信息。同时，他还试图调和古希腊与阿拉伯传统的星名和星座。此外，苏菲在描述大鱼座（即现代的仙女座）时曾提到鱼嘴前面有一块小云团，这实际上是首次以

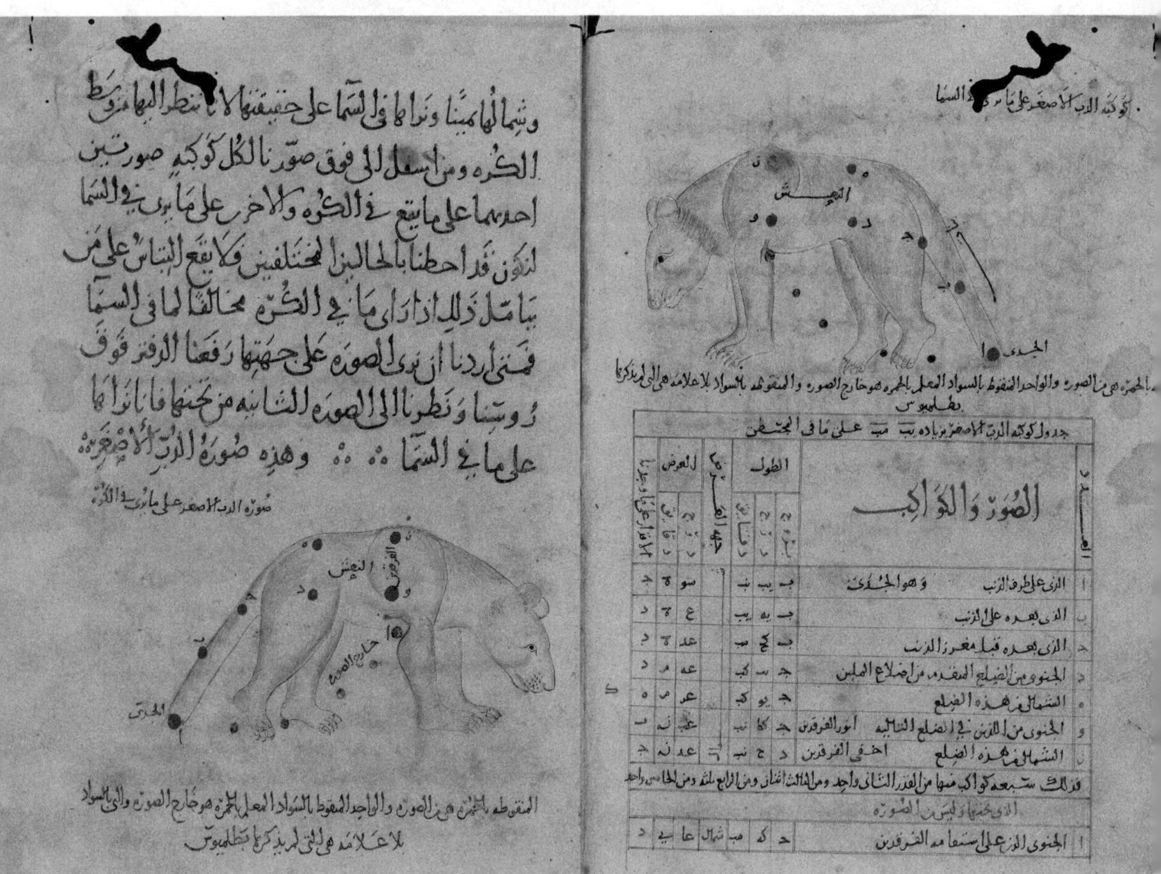

苏菲《恒星之书》手抄本中的小熊座（大英图书馆藏，11 世纪）。

书面形式描述仙女星系（M31）。

《恒星之书》有许多不同的手稿留存至今，目前最早的版本保存在大英图书馆，年代可以追溯到公元 1009 年左右。书中绘有托勒密的 48 个星座，每个星座都包含两幅图像。这两幅图呈镜面对称，一幅是仰视角度，另一幅是俯视角度。星座中的人物也不再穿着古希腊服饰，而是当时的阿拉伯装束。各个恒星采用红色和黑色两种标记，红色表示属于该星座的恒星，黑色则表示星座之外的其他恒星。

在《恒星之书》中，苏菲除了翻译托勒密的星表之外，还列出了一些阿拉

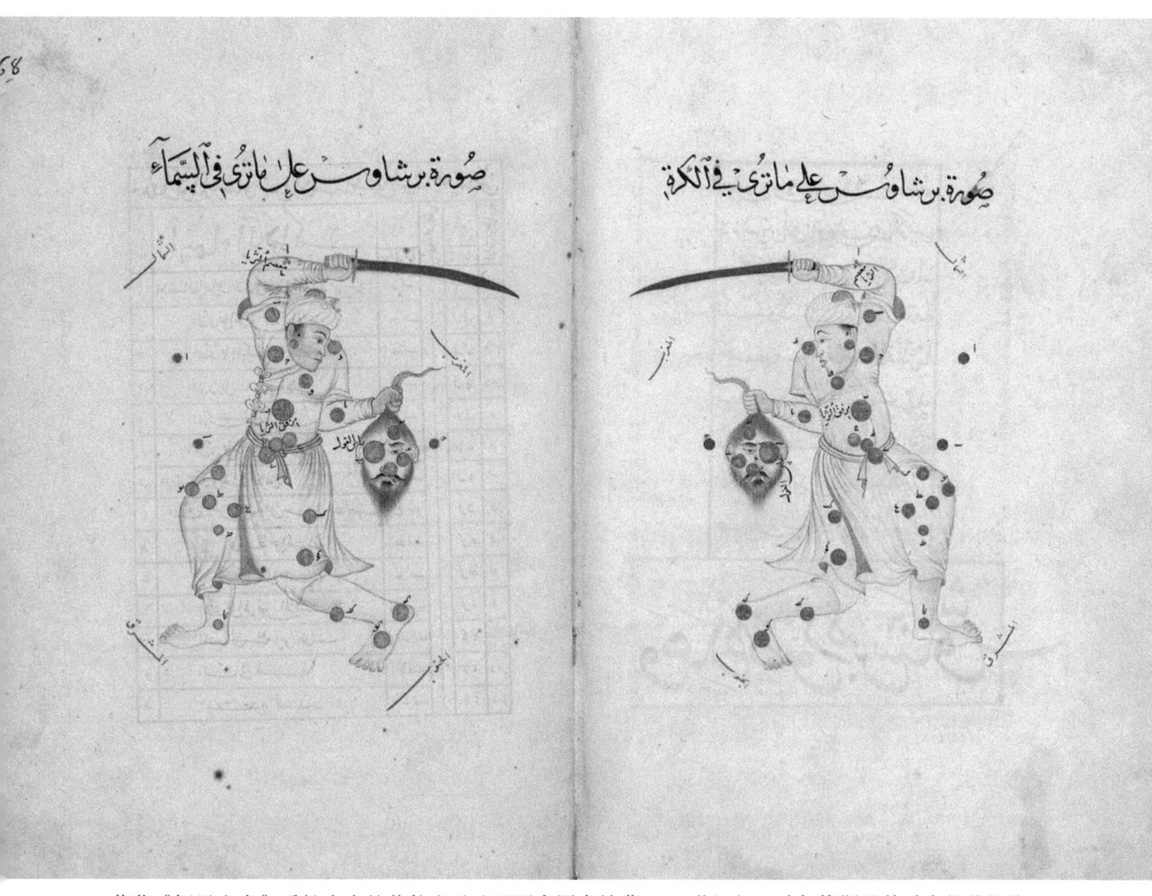

苏菲《恒星之书》手抄本中的英仙座（法国国家图书馆藏，13 世纪），珀尔修斯及其手中的美杜莎都被绘成阿拉伯装束的形象。

伯人自己命名的星名，并确定了它们的星等。其中，有一些阿拉伯传统的星名和星座来自贝都因人的古老传统。不像古希腊星座，古老的阿拉伯传统并没有将恒星聚集在一个大星座里。阿拉伯人普遍认为，一颗恒星也可以是一个代表动物或人的星座，如蛇夫座 α 和蛇夫座 β 分别被认为是牧羊人和他的狗。如今，金牛座的毕宿五（Aldebaran）、英仙座的大陵五（Algol）、天琴座的织女星（Vega）、天鹰座的河鼓二（Altair），以及猎户座的参宿四（Betelgeuse）和参宿七（Rigel）等恒星的西方名称都源自它们的阿拉伯名字。

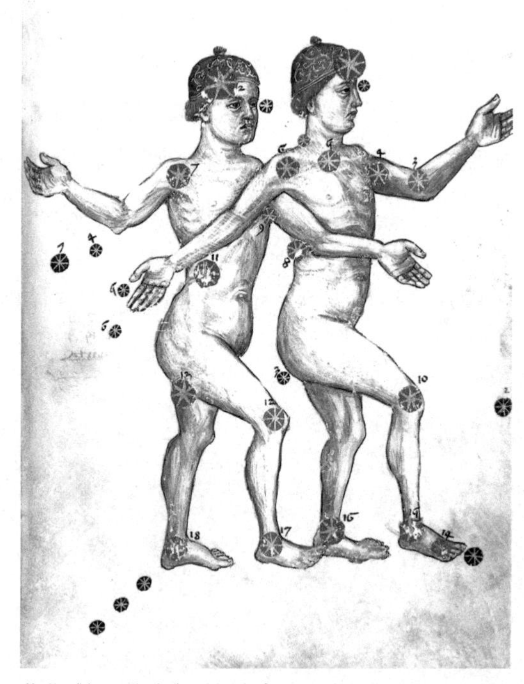

苏菲《恒星之书》手抄本中的双子座（15 世纪）。

星盘：天空的镜子

阿拉伯人的另一个贡献是发展了星盘等天文仪器。在古代，星盘是一种重要的天文和航海工具，类似于古希腊人发明的扁平天球寻星装置。经过阿拉伯人的发展，星盘不仅成为基本的天文测量仪器，而且是星占学家的星占工具。古代星盘的用途多达上百种，常见的用途有数十种。在这些用途中，最基本的是通过太阳或星体的位置来测算时间。

星盘酷似超大号老式黄铜怀表，也很像中国古代的圆形铜镜。星盘看起来很精致，可以说是一个可供人们随身携带的宇宙模型，它就像一块映照天空的镜子。星盘中稍小的圆环代表黄道，而在网络状的圆盘上还有表示恒星位置的华美圆点或触角。只要按刻度转动星盘，就能看到相应时间内所呈现的星空。

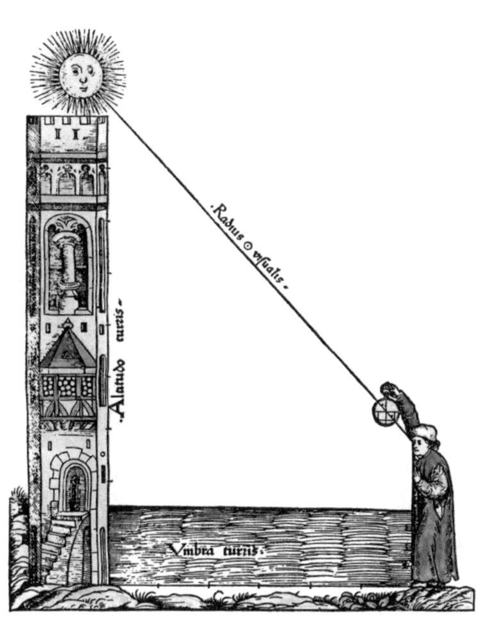

星盘使用方法示意图。通过星盘可以测量太阳和恒星的地平高度，从而推算出地理纬度或时间。

阿拉伯细密画中的航海星盘。该画以诺亚方舟为主题，船上装载有各种动物，船尾有一个阿拉伯人正在使用星盘进行导航。

星盘是中世纪天文知识成就的集大成者，各部件紧密相扣，上面有多个超薄圆盘层层相叠，中央通过一根细针来固定。它的表层有数根指针，通过调整和对齐圆盘上的各种符号，便能进行读数。它可以帮助人们判断当前所处的方位或者时刻。

自从 7 世纪以来，星盘就已经在阿拉伯地区得到了广泛应用，主要用于天文观测和航海。星盘能够用于测量纬度，因此它在航海中得到了广泛应用，是 17 世纪以前最主要的航海工具之一。虽然星盘不能直接测量经度，但可以用于计算天体运动。人们可以根据太阳或恒星的位置，从星盘上读出时间。因此，它是集航海导航、天文观测以及星象占卜于一体的多功能工具。在那个时候，可以说拥有一个星盘就相当于现在拥有一件最新的高科技产品，让你站在时代潮流的前沿。

15 世纪挂毯中所绘的星盘图像。

明清时期，随着西方耶稣会会士的到来，阿拉伯人使用的星盘也被介绍到中国。耶稣会会士还对其结构进行了简化，并用中国传统的星图来代替西方采用的恒星分布方式，称之为简平仪。如今，故宫博物院还藏有康熙年间清宫造办处所制的磁青纸制简平仪。这件简平仪的两面贴有磁青纸，上面分别绘有赤道以北和赤道以南的星图。外圈绘制有周天 360 度、十二次（中国古代将天赤道分为 12 份）和二十四节气等刻度。

磁青纸制简平仪（北京故宫博物院藏）。

星盘是西方古代的一种天文仪器，也可以被视为一种手持的宇宙模型。它的功能多样，不仅是精密的测量仪器，而且能进行模拟计算，可以解决天文学中的很多问题。天文学家历来用它测量天体的地平高度，识别恒星和行星的位置，测定当地的地理纬度，或者进行三角测量。星盘的结构复杂，中世纪阿拉伯和欧洲的天文学家为此用尽了他们的数学技巧。每个星盘都有一个带有指针的可旋转圆盘，用来显示不同亮星的位置。为了便于识别，这些星星的名字还被刻在指针上。

星盘的主体是一个带有刻度的铜盘，上面有用球极平面射影法绘制的网络状星图和地平坐标网（使用时，根据不同的纬度，需要更换不同的地平坐标网）。星盘上的星图只选取最亮的星，并标有黄道，整个圆盘可以转动。地平坐标网上有以天顶为中心的等高圈和方位角。在星盘的背面安装有可绕中心旋转的窥管，观测者手持垂悬的铜盘，将窥管对准星体，便可以通过盘面边缘的刻度得到星体的高度。

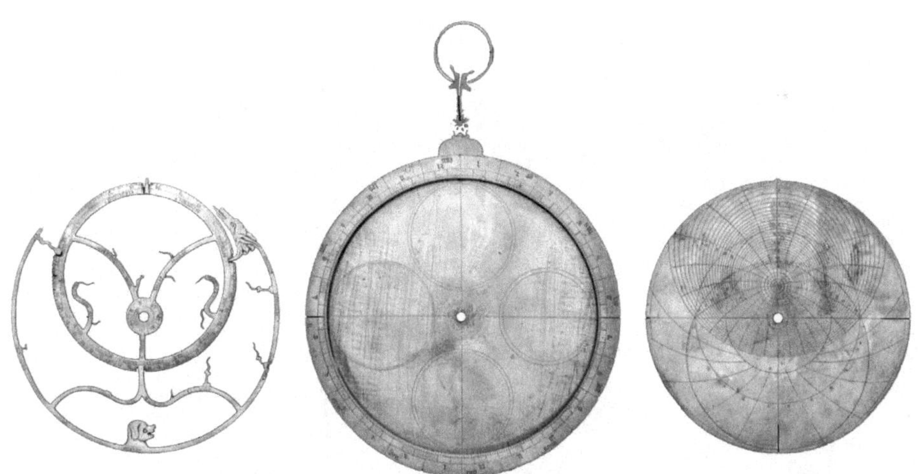

星盘的结构。网络状星图（左）上面触角的尖端对应不同亮星的位置，中间的圆环是黄道。这其实就是一幅简化了的北天区星图。母盘（中）是一个带有手提铜扣的圆形铜盘。地平坐标网盘面（右）上面有地平坐标网和赤道的投影，因地理纬度不同，投影的结果也不相同，所以需要根据不同的地理纬度进行更换。

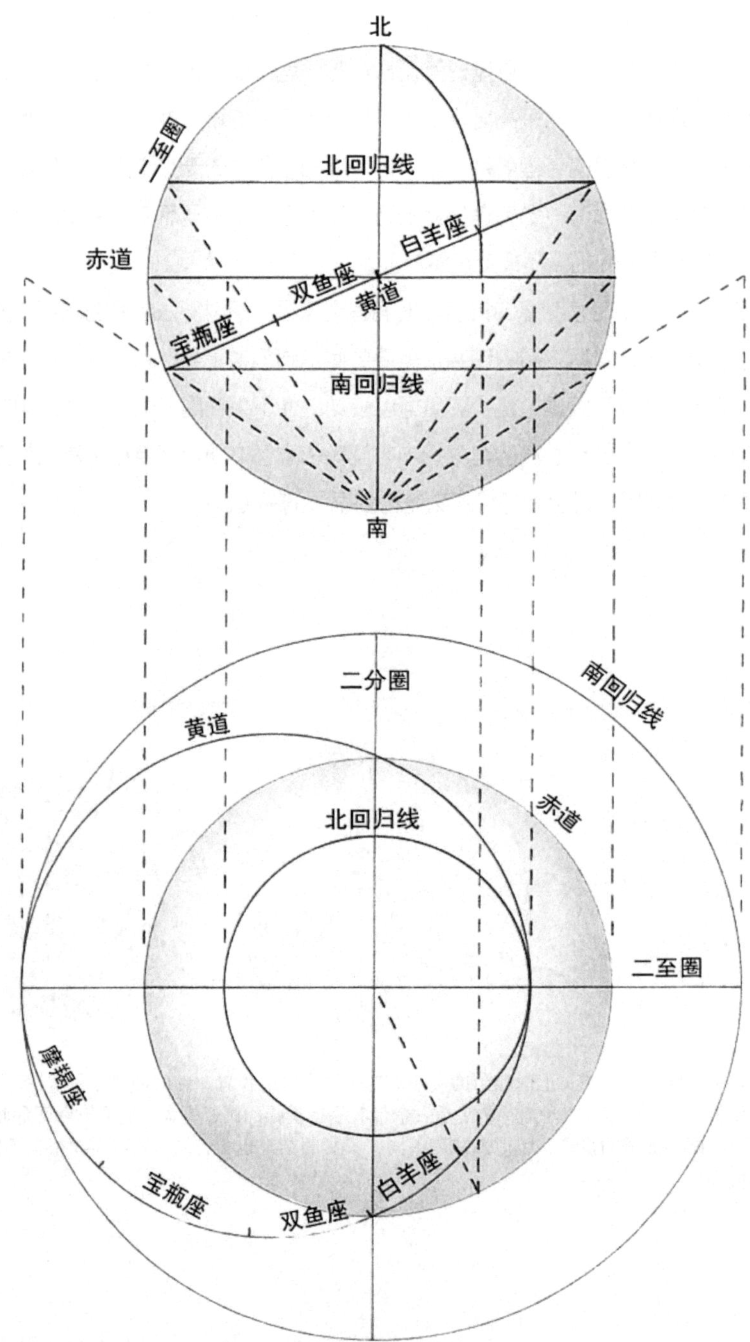

星盘采用的极投影方法，将天球上的天体投影到平面上。

第 5 章 疏而不漏：补充北天星图

国王与不朽的少年

“几小时之后，我躺在床上，决定订购一座新的雕像。我希望他的脸颊塑造得更加精准……雕像的头和肩部之间的角度应该再和缓些。我更喜欢他只保留一头没有任何修饰的亮发，而不是在头上装饰着青藤花冠和一簇簇珍贵的宝石。”这是法国当代著名女作家玛格丽特·尤斯纳尔在其小说《哈德良回忆录》中对哈德良皇帝的心理活动进行的描述，再现了这位罗马统治者如何打算邀请当时的艺术家来创造一座安提诺乌斯的雕像。

法尔内塞宫中收藏的安提诺乌斯雕像（公元 2 世纪）。

如今，在罗马的法尔内塞宫中保存着这样一座雕像，它是目前现存的几乎上百座同样主题的雕像中的一个。雕像中所描绘的人物正是哈德良皇帝想要再现的那位俊美无瑕却不幸死去的少年安提诺乌斯。雕像呈现了安提诺乌斯不同寻常的容貌，其姿态优雅堪比女性，甚至可与希腊诸神相媲美。皇帝希望留住安提诺乌斯的美丽，使他能够“永生”，成为帝国中最出名的人物之一，还希望在天上有以他的名字命名的星座。

尽管阿拉伯天文学家也曾对恒星观测做出了贡献，增加了星表中恒星的数量，但星座的总数并未超过托勒密的 48 个星座。此后，星座数量的首次激增可能始于德国制图师卡斯帕·福佩尔（1511 - 1561）。1536 年，他曾在天球上绘制过独立的安提诺乌斯座和后发座。

拜耳《测天图》中的天鹰座和安提诺乌斯座。

安提诺乌斯与其他来自神话人物的星座不同，他是罗马哈德良皇帝时代的一个真实人物，尽管他的故事非常传奇。公元 110 年，安提诺乌斯出生在拜特纳镇（现在土耳其西北部的博卢），他因面容俊俏而被罗马皇帝哈德良选为男侍。公元 130 年左右，安提诺乌斯在尼罗河上游（如今埃及的马拉维镇附近）旅行时溺水而亡。

关于这位美少年的死因，至今还没有定论。人们猜测，他有可能死于意外或自杀，甚至是谋杀。人们猜测，哈德良皇帝对此深感痛心，他将少年神化，向他献上特别的祭礼，甚至在事故发生地的对岸建立了一座新的城市，命名为“安提诺波利斯”（即安提诺乌斯之城）。他还命令工匠大量制作安提诺乌斯的雕塑和头像，将它们安置在帝国各个城市的中心，以此永久保存他的记忆。

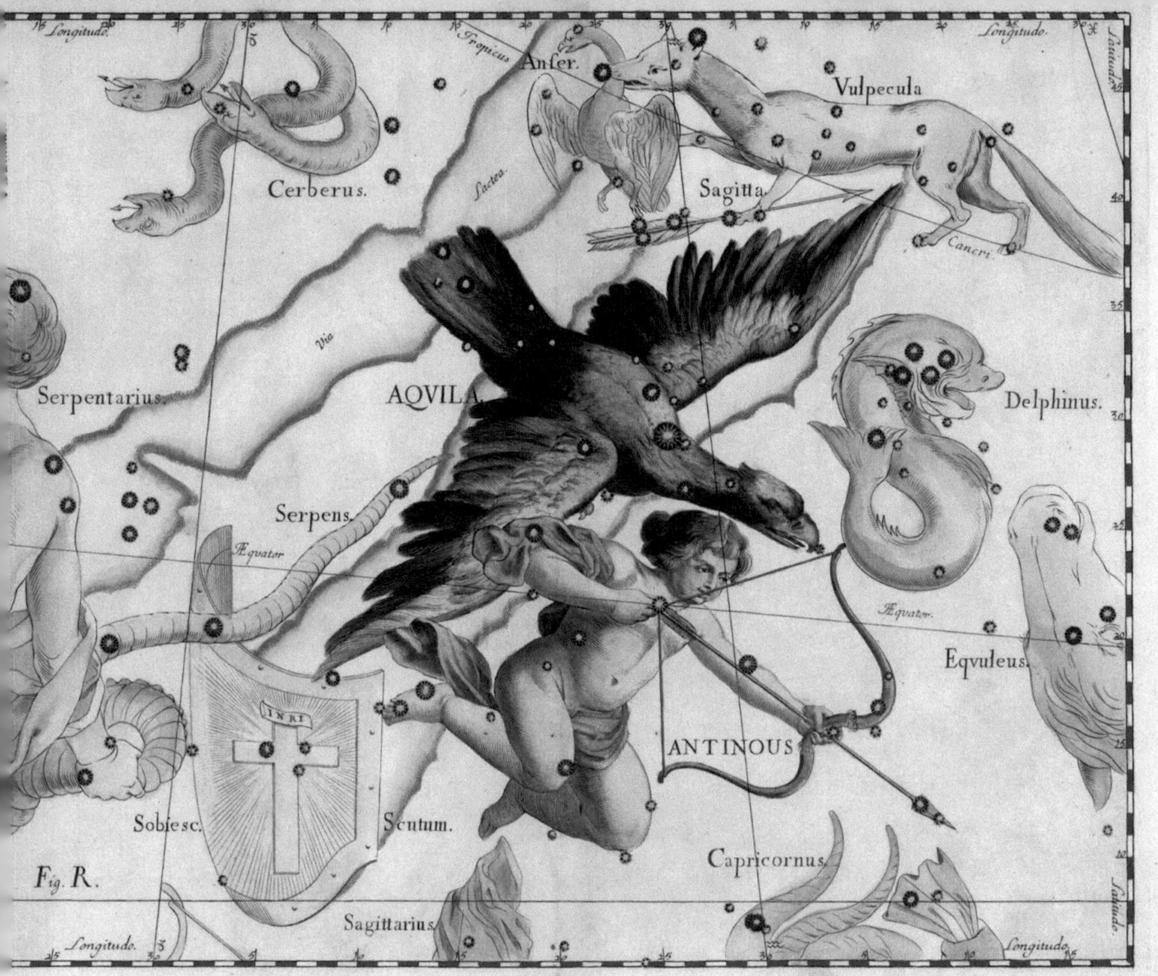

《赫维留星图》中的天鹰座和安提诺乌斯座。

相对于安提诺乌斯座，后发座由一些暗淡的恒星组成。在传说中，它代表古埃及王后贝勒耐斯美丽的琥珀色头发。她曾经剪下自己的秀发，以此感谢天神宙斯，希望她出征的丈夫得以平安归来。此外，也有文献说用王后的头发命名星座的人是当时的宫廷天文学家科农。后来，国王的顾问卡利马科斯还为此写下纪念头发变为星座的诗歌，后发座由此而影响深远。

事实上，托勒密在《天文学大成》一书中曾分别介绍了安提诺乌斯和后发星群，只不过它们一直被看作天鹰座和狮子座的一个分支而已。据托勒密所说，安提诺乌斯星群由 6 颗星组成，虽然他并没有将它作为一个正式的星座，但是他有可能在哈德良皇帝的要求下创立了安提诺乌斯座，以此作为天鹰座的附属星座。

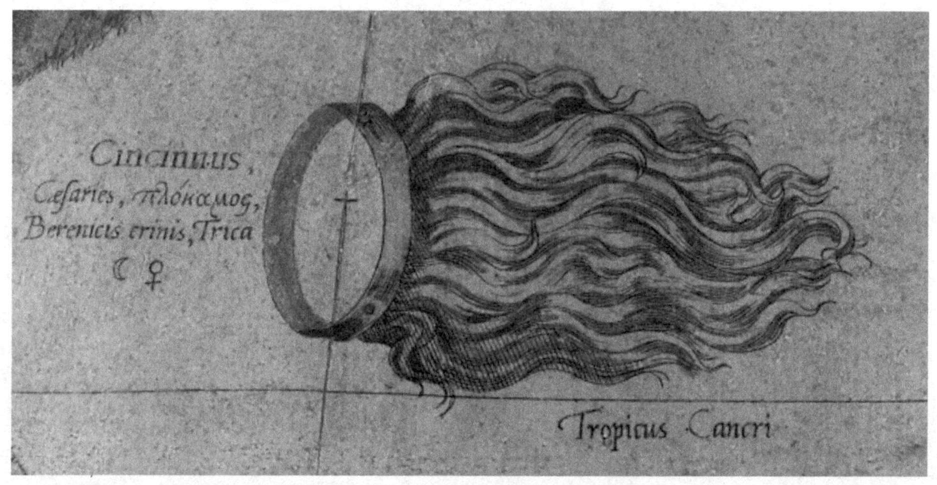

墨卡托天球仪上的后发座。

1551 年，伟大的荷兰制图家墨卡托在天球仪上绘制了安提诺乌斯座和后发座。后来，丹麦天文学家第谷·布拉赫也在他的星表中继承了这两个星座。从那以后，这些星座被广泛采用。如今，后发座仍然被视为一个独立的星座，但安提诺乌斯座后来与天鹰座重新合并，成为一个消失了的星座。在古星图中，安提诺乌斯座位于天鹰座的下方，它的形象也经常被描绘成被天鹰座抓起的少年伽倪墨得斯。在希腊神话中，伽倪墨得斯是天神宙斯的男侍，因此人们也常常将安提诺乌斯与伽倪墨得斯相混淆。

墨卡托天球仪上的安提诺乌斯座。

“哥白尼的老乡”赫维留

约翰内斯·赫维留。

提到波兰的天文学家，人们可能会自然而然地想到哥白尼。其实，在波兰还有一位名叫约翰内斯·赫维留的著名天文学家，他是哥白尼的老乡。不过，不像哥白尼擅长理论研究，赫维留是一位真正的观测天文学家。

随着天文观测水平的不断提高，人们对星图的精确度提出了更高的要求。在古希腊托勒密的 48 个星座之外，也产生了一些新的星座。17 世纪后半期，波兰天文学家赫维留曾一次引入了 10 个全新的星座，来填补北方天空中那些没有明显亮星的天区。这真可谓“天网恢恢，疏而不漏”，天空中每一个不起眼的角落都被分配给了相应的新星座。

赫维留出生于但泽的汉萨镇（现在波兰的格但斯克），他的父亲是一位富有的酿酒商和地产商。赫维留的父亲希望他能继承家业，并送他到欧洲各地学习。赫维留不仅学会了拉丁文，而且学会了绘画和制作铜版画等技能，还精通各种仪器的制作。1630 年，19 岁的赫维留被父母送到荷兰学习法律。在随后的四年间，他几乎周游了整个欧洲，受到了全面的教育。与此同时，他在伦敦和巴黎结识了许多著名学者。1634 年，他返回家乡，掌管家业，并成为了地方议会的一名议员。

身为一个成功的生意人，赫维留却一直对数学和天文学十分感兴趣。受老师彼得·克鲁格（1580 – 1639）的影响，赫维留开始关注星空。克鲁格曾试图制作一台半径为 1.5 米的黄铜大象限仪，但他直到去世都没有完成。所以，但泽市政厅将这件遗物委托给赫维留，赫维留继续制作这件仪器，1644 年终于将其制作完成，实现了老师的夙愿。

赫维留和黄铜大象限仪。赫维留正在使用大象限仪进行观测，该仪器上有大量的装饰物，不仅美观，而且对仪器进行了很好的配重，使其更加稳定。图的左边是仪器拆解后的各个部件，其中大部分是用黄铜制成的。

当赫维留完成大象限仪后，他又制作了半径分别为 1.8 米和 2.4 米的木质纪限仪（又称六分仪）。后来，他又改用黄铜作为材料，重新制作了类似的仪器。象限仪和纪限仪分别用于测量星体相对于地平线的高度以及两个星体之间的角距离，这些仪器为赫维留的天文观测带来了极大的便利。

因为非常敬佩丹麦天文学家第谷，赫维留将自家的屋顶改建成一座天文台，用和第谷的天文台“星堡”一样的名字来对它进行命名。赫维留在这里进行了大量的恒星观测，他曾在一封给法国国王路易十四的信中说道：“我在夜空中已经找到了将近 700 颗此前未被发现的星星，并以陛下的名字给它们中的一部分命名。”

赫维留的天文台不仅配备有各种天文仪器，而且建有工作间、印刷室、图书馆等设施。这在当时的欧洲是很先进的。当时，波兰王后玛丽·露易丝（1611 –

赫维留的天文台。

1667）和天文学家哈雷（1656 - 1742）等人纷纷慕名前来参观。在法国巴黎天文台和英国格林尼治天文台建成之前，这里可以说是欧洲最好的天文台之一。

1673 年，赫维留出版了一本名为《天文仪器上卷》（*Machinae Coelestis Pars Prior*）的著作，详细介绍了他所使用的各种天文仪器。尽管赫维留的天文仪器在本质上模仿了第谷的设计，但是在设计和制造工艺方面都有了明显的进步，木质材料被金属所取代。考虑到金属膨胀的差异，赫维留在设计时不会同时用铁和黄铜制造大的平面。另外，这些仪器很好地保持了平衡，结构比较稳定，有些还具有很好的测微计功能，所以读数也很精确。

赫维留独立于荷兰物理学家和天文学家克里斯蒂安·惠更斯（1629 - 1695）发明了精确到秒的摆钟。伽利略发明的天文望远镜在当时的欧洲非常流行。为了便于天文观测，赫维留也亲自磨制镜片和制造望远镜。由于当时镜片磨制技术的局限性，望远镜在实际观测中会产生较大的色差和其他像差，使观

赫维留演示使用望远镜进行观测的场景。

测结果难以令人满意。为了减小误差，赫维留通过加长物镜的焦距弥补镜片的不足。为此，他甚至制造了焦距达40多米的超长望远镜。这种望远镜的重量过大，无法安装镜筒，只能用简易的支架将镜片吊起。

赫维留是一位非常勤奋的天文观测者，他系统地观测了月球表面、太阳黑子、日食、月食以及彗星等天象。1647 年，他发表了一幅月面图（*Selenographia*）。这也是当时最精确、最详尽的月面图，上面标有他对月面上环形山和海洋的命名，其中一些名称沿用至今。凭借这部作品，当时赫维留在欧洲可谓名声大振。

1687 年，赫维留去世后，他的妻子伊丽莎白将他的观测成果发表在了《天文导览》一书中，其中收录有一份包含 1564 颗恒星的星表，还有赫维留自己绘制的星图。赫维留所命名的北天新星座也得以流传开来。

赫维留在星图背景上留下的彗星观测记录。

北天的“查漏补缺”

赫维留在天文学上的另一重大贡献是绘制了《赫维留星图》（*Firmamentum Sobiescianum*），它被称为欧洲四大古典星图之一，与《拜耳星图》（*Uranometria*）、《波得星图》（*Uranographia*）和《弗拉姆斯蒂德星图集》（*Atlas Coelestis*）齐名。该星图集连同赫维留的星表一起发表在他的著作《天文学导览》中，其中的星图包括两幅南北天球星图以及 54 幅星座分图，共绘有 73 个星座。在这些星图中，南北天球星图的直径为 46.5 厘米，当中北天的大部分恒星的位置都由赫维留亲自测定，而南天星图则参照了英国天文学家哈雷的观测结果。

赫维留在 54 幅星座分图中精细地绘制了各个星座的图像，并标出了它们

《赫维留星图》中的北天球星图。

所在天区内的不同星体。《赫维留星图》使用了黄道坐标系而不是后来被认为更加先进的赤道坐标系，也没有用字母来命名恒星，星体位置则采用了俯视的“上帝视角”。尽管这一切都限制了《赫维留星图》的实际使用效果，但它在精确性和细致程度上对此后的许多星图制作者产生了深远的影响，成为西方古典星图的代表作。

赫维留在绘制星图时，创建了 10 个全新的星座来填补北天的空白。在这些星座中，猎犬座、天猫座、小狮座、狐狸座、蝎虎座、六分仪座和盾牌座这 7 个星座至今仍在使用。其中，六分仪座是为了纪念这种传统天文仪器在观测上对他的帮助；盾牌座是为了纪念波兰国王索别斯基在维也纳之围中击败了奥斯曼帝国军队，从而拯救了整个欧洲；而天猫座的原型猞猁是一种目光敏锐的动物，因为赫维留认为只有像猞猁一样具有敏锐目光的人才能看到这个暗淡的星座。不过，赫维留的另外三个星座（地狱犬座、蒙纳鲁斯座和小三角座）后来被废弃，未能成为现代星座。

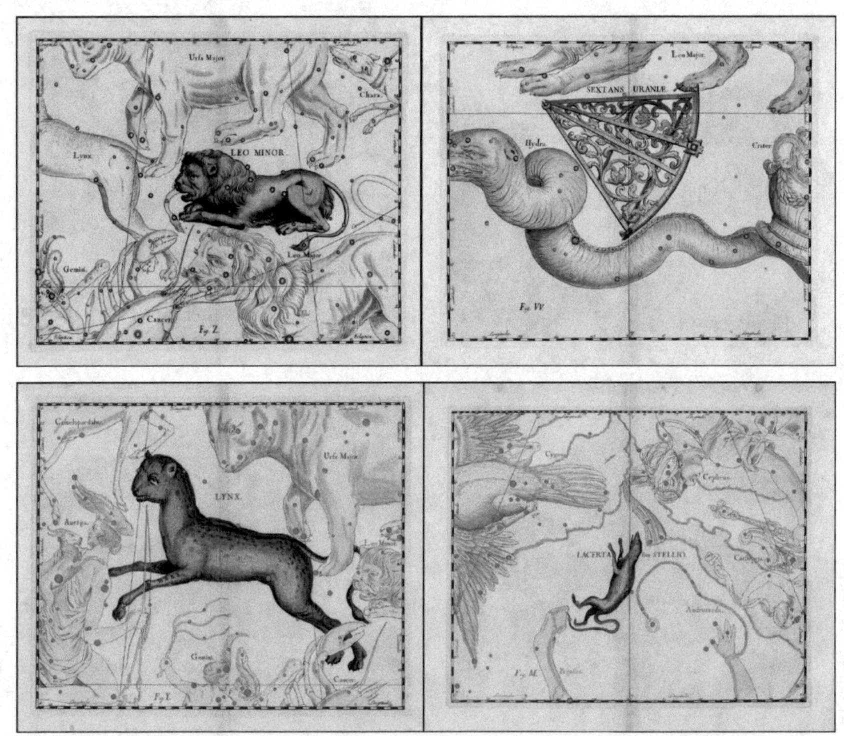

《赫维留星图》中新创立的星座，图中依次为小狮座、六分仪座、天猫座和蝎虎座。

赫维留去世后，1690 年他的星图才最终得以出版。尽管他装备了非常精密的望远镜，并且曾用它们来观测月球、行星和彗星等天体，但他在生前坚持用肉眼（借助传统的象限仪和纪限仪）来观测恒星，因为他认为使用望远镜会影响恒星的观测效果。

赫维留对自己的肉眼观测结果充满信心。在他的著作《天文仪器上卷》中，他详细地描述了自己所使用的各种天文仪器，并声称他的肉眼观测结果要比使用望远镜更加精准，但他随后遭到了英国学者罗伯特·胡克（1635 － 1703）的批评。

胡克当时刚研制出具有十字瞄准功能的望远镜，所以对望远镜的轻视自然也是对他的发明的贬低。胡克认为赫维留的传统观测方法已经不合时宜。英国皇家天文学家约翰·弗拉姆斯蒂德则表示，赫维留肉眼观测的精度其实不亚于使用望远镜，于是一场学术争论随即爆发了。

为了平息这场风波，英国皇家学会于 1679 年派遣年轻的天文学家哈雷前

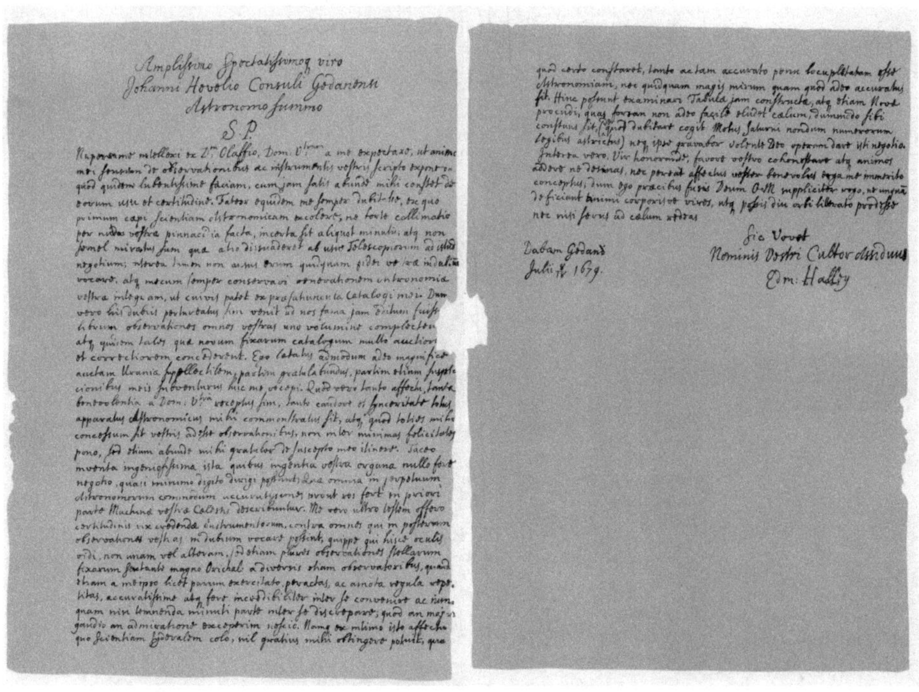
Amplissimo Spectatissimoq viro
Johanni Hevelio Consuli Gedanensi
Astronomo summo
S.P.

Dabam Gedani
Julii 7 1679.

Sic Vovet
Nominis Vestri Cultor assiduus
Edm: Halley

哈雷对赫维留进行评价的信件。

《赫维留星图》的扉页。在图中下方，赫维留手持六分仪和盾牌，他的身后跟着一群动物，这些是赫维留新增加的星座。在他面前的是手捧日月的天空之神乌拉诺斯以及历史上不同时期的著名天文学家。这幅图寓意着赫维留希望他们能对自己的观测水平做出客观的评价。

Sanctus Sanct
Sanctus Dn'
DEVS
Omnipotens.
Dignus es Dom
qui accipias
Gloriam et
Honorem.
DEO debetur Gloria.
Ptolomæus.
Albategnius.
Princeps Hass.
Regiomont.
Copernicus.
sit Benignitas, hæc
offero, Vestroq; sublimi
NVM
Carolus dela Haye. sculp.

往赫维留的天文台探查真相。哈雷在与赫维留朝夕相处数周之后，和他进行了充分的交流，发现赫维留肉眼观测的精度确实不亚于当时的望远镜。随后，哈雷将这一调查结果发表在英国皇家学会的《哲学学报》上，这无疑是对赫维留精湛观测技术的极大褒奖，而赫维留也将哈雷的到访看成自己人生中重要的转折点。

赫维留与伊丽莎白一起使用纪限仪进行天文观测。

很不幸的是，哈雷离开几个月后，赫维留的天文台发生了一场大火灾，大量珍贵的仪器、著作和尚未发表的手稿被毁。在家人和各方朋友的帮助下，天文台最终得到了修复。赫维留的第二任妻子伊丽莎白（1647－1693）给予了他极大的支持，同他一起进行观测，并将很多观测过程和结果记载在1685年出版的《危机之年》（*Annus Climactericus*）一书中。1687年1月28日，赫维留在76岁生日之际不幸离世。赫维留去世后，伊丽莎白对他尚未出版的手稿进行整理，并于1690年正式出版，其中包括含有赫维留的星图和星表的著作《天文导览》。

第 6 章 星空与大海：完善南天星图

哥伦布时代的困局

1492 年 10 月，船队已经出海好几个星期了。仔细数数，这已经是第 9 个星期了。粮食和淡水很快就将难以为继，更糟糕的是连信风也不帮忙，船员们一个个提心吊胆、满腹怒气。这就是哥伦布的船队在即将发现新大陆之前的处境。尽管嗅觉告诉他陆地应该不远了，但这种莫名的恐慌自 1492 年 8 月起航以来就一直笼罩着他们。

哥伦布的船队一共只有三艘船，即便是作为旗舰的“圣玛利亚号”的长度也不过 30 米，宽约 8 米，载重仅为 100 吨。船上共载有 39 名船员。在茫茫的大海上，他们面临着一个难题，那就是如何确定自己的位置，如何保证航向正确。这是他们能否成功的关键。因为稍有不慎，等待他们的便是难以挽回的灾难。

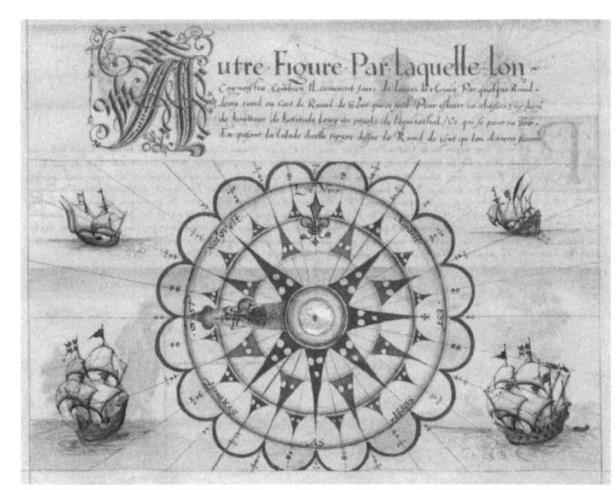

确定方位是航海中的一项重要工作。航海罗盘的方位刻度图上一般有 16 个或 32 个方位点，用于指示不同的方向。

哥伦布探险船队的船只模型。

提起导航，每个人的脑海中都会浮现全球定位系统（GPS）或者北斗定位系统，它们都能提供全球实时导航服务。这些定位系统可以保证任何时候地球上的任何一点只要能够同时接收到四颗不同导航卫星的信号，就可以确定该点的经度和纬度，以完成导航、定位和授时等功能。

那么，在进入信息时代之前，人们又是如何进行定位和导航的呢？在浩瀚的沙漠中或无际的海洋上，古人缺乏其他参照物，于是星象的指认便成了古老且可靠的方法。事实上，至少在公元前 300 年左右，人们的头脑中就已经有了经纬纵横交织的概念。到了公元 150 年左右，天文学家托勒密绘制了人类历史上第一部世界地图集，其中就有 27 幅画有经纬线的地图。尽管如此，精准的经纬度测量一直是古代人面临的一大难题，特别是在大航海时代。

古代天文学家使用的雅各布杆同样也是航海家所喜爱的一种工具。雅各布杆又称弧矢仪、弩仪或者十字杆，在天文和航海中可以用于简易的角度测量工作。关于雅各布杆的具体发明者和发明时间，已经无人知晓，但据说是由一位名叫热尔松（1288 - 1344，又名吉尔松尼德）的犹太数学家和天文学家发明的，因为他最早对这种仪器做了详细的描述。

大航海时代的人们结合航海罗盘和天文观测来导航。

雅各布杆由相互交叉的长杆和横杆组成，长杆上有等长的刻度，另一根两端等长的横杆可以在长杆上移动。横杆两端和长杆的一端都装有销钉式照准器，使用时眼睛靠近长杆照准器的后边，再移动横杆，使照准器分别对准两个需要观测的点。利用这种方法，就可以通过横杆照准器的间距以及长杆上的刻度，推算出两点之间的角距离。后来，雅各布杆逐渐被更精确的角度测量仪器六分仪所取代。

早期的船长们一般都熟悉纬度的含义，在北半球他们可以通过测量海平面与北极星之间的夹角来确定纬度，因为北极星的仰角近似等于当地的纬度。

那么，为什么要挑选北极星呢？回答这个问题的最好方式就是假设某些极端情况。北极星几乎正好位于北天极位置，而北天极正是地球北极在天球上所对应的位置。如果本地的北极星高度角为 90 度，也就是说此时北极星位于天顶位置，那么你一定就正好站在北极点。如果北极星的高度角为 0 度，或者说北极星位于地平线或海平面上，那么就说明你正好就在赤道上。

不过，北极星在晴朗无云的夜晚才能看到，而且船只一旦到达南半球，就再也看不见它了。于是，水手们一旦穿过赤道就需要利用星盘来测定太阳或其

雅各布杆的使用。

他恒星的高度，以此来计算船只所在地区的纬度。但是，无论是测量太阳的高度还是测量北极星等恒星的高度，实际上都离不开精准的天文观测。为了达到这一目的，人们还编制了相应的图表，将全年中不同恒星的位置以及太阳的高度都标示出来。这样一来，每当船员航行在不同的区域时，都可以通过查表迅速得知船只当前的纬度。

航海星盘示意图。

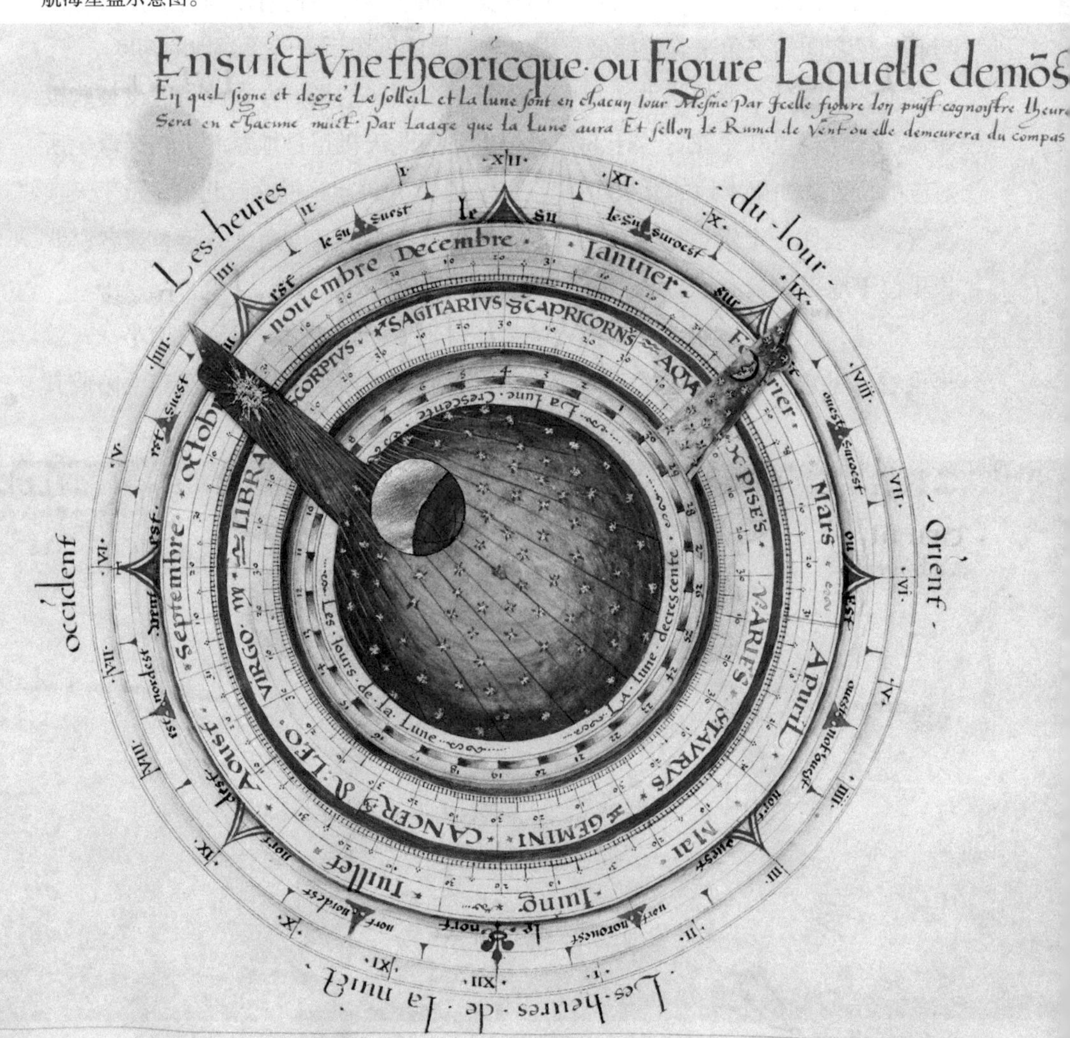

在哥伦布时代，任何一位称职的水手都可以根据日期以及太阳或主要恒星的地平高度，相当准确地推算出自己所在的纬度。1492 年，哥伦布本人也是通过“沿着纬线航行”的方式，沿着一条直线航线横渡大西洋的。

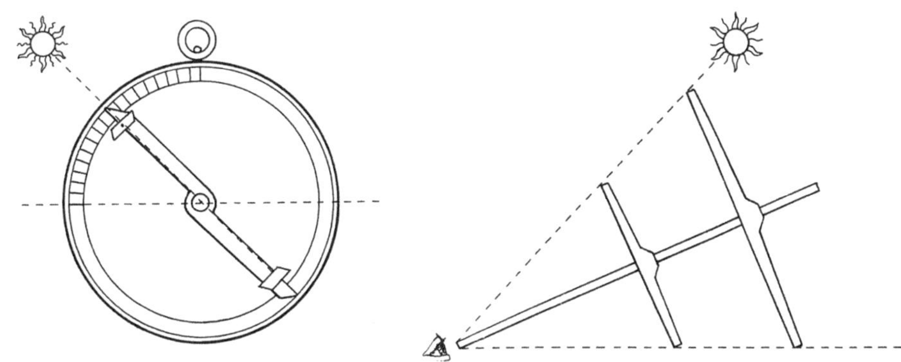

使用星盘和雅各布杆测量地平高度。

纬度的测算对水手们来说至关重要，如果能够在海上准确地测量出天体的位置，那么就能大致计算出当前所在的纬度。尽管如此，要达到这个目的，他们仍然需要适当的工具，必须知道两个方面的信息，即太阳或某颗恒星从地平线上升起后所形成的角度，以及该天体在一年中特定日期的位置。其中，后者可以通过查阅相关图表或天文年历获得，而前者则只能通过实际测量获得。

经度测量与纬度测量不同。由于人们在同一纬度位置所观测到的太阳和恒星的高度都是相同的，如果你想确定自己在海上的经度，就必须知道船上的时间以及始发港或者另外一个经度已知的地方在同一个时刻的时间。这样，领航员才可以将这两个时间的差值转换成地理上的距离。举例来说，我们知道北京和伦敦之间的时差后，也就等于知道了两地之间地理经度的差异。

尽管在全世界范围内，1 度的经度仅相当于 4 分钟的时间，但如果转换成距离，1 度的经度就相当于赤道上的 109 千米。所以，除非装备有非常精密的航海钟或者使用精度极高的天文星图来计算时间，否则就会产生很大的偏差。因此，在人类历史上的相当长一段时间内，即使世界上最聪明的人也会被这个难题所困扰。当进入大航海时代后，人们的海洋探险很快就与对星空的探索紧密地联系在一起了。

荷兰人与“航海星座”

15 世纪，由于奥斯曼帝国封锁了陆上丝绸之路，葡萄牙人开始沿非洲西海岸向南航行，以打开通向东方的贸易通道。最后，他们绕过了好望角，穿过印度洋，到达了印度和中国等地。随后，西班牙、荷兰和英国等国家纷纷效仿，欧洲开始进入大航海时代。

古代的航海活动主要沿海岸线进行，而远洋航海则对天文导航有较高的要求。通常在海上测量纬度是比较容易的，只需测量正午太阳或者夜晚北极星的地平高度，就很容易将其转换成当地的纬度。但是，要确定经度并非易事，其计算取决于是否能准确地得出当地时间。在 18 世纪中叶精确计时器航海钟发明之前，经度的测量常常有很大的误差，而唯一的替代方案就是精密的海上天文观测。例如，通过观测月亮或行星对恒星的掩犯以及木星卫星的食相来间接地得出地方时，从而转换出经度位置。

这种方法的困难在于，它非常依赖精确的恒星星图，特别是在那时人们对南半球的恒星缺乏足够的了解，而且整个南天的大片区域甚至都没有已知的星座。于是，航海家们开始将他们的注意力转向了南半球尚未发现的天区。

亚美利哥・韦斯普奇。

最早尝试绘制南天星图的人是意大利的亚美利哥・韦斯普奇（1454－1512）。亚美利哥是一位航海家，也是一位成功的商人，如今的“America”（美洲）一词就来自他的名字。他多次航行前往加勒比和南美等地区，经考察之后才发现这其实是一块新大陆，当时包括哥伦布在内的其他所有人都以为这块大陆是亚洲东部。亚美利哥根据自己的航海经历，向葡萄牙国王曼努埃尔一世（1469 – 1521）进献了他所制作的恒星星表。不幸的是，这份星表没有被保存下来。

除了意大利航海家外，当时的荷兰人也参与了南天星图的绘制工作。在这些人中，有三个人的名字在当时很突出。他们分别是彼得勒鲁斯·普朗修斯（1552-1622）、彼得·凯泽（1540-1596) 和弗雷德里克·德·豪特曼 (1571-1627）。如今的南天星座中就有 12 个星座与他们的航海活动有关，这些星座大多数以大航海过程中发现的奇珍异兽和新事物命名，包括极乐鸟、变色龙、剑鱼、飞鱼、孔雀、巨嘴鸟、火烈鸟、凤凰、水蛇、蜜蜂、南三角、印第安。与之对应的星座后来也被称作航海十二星座，它们分别是天燕座、蝘蜓座、剑鱼座、飞鱼座、孔雀座、杜鹃座、天鹤座、凤凰座、水蛇座、苍蝇座、南三角座和印第安座。

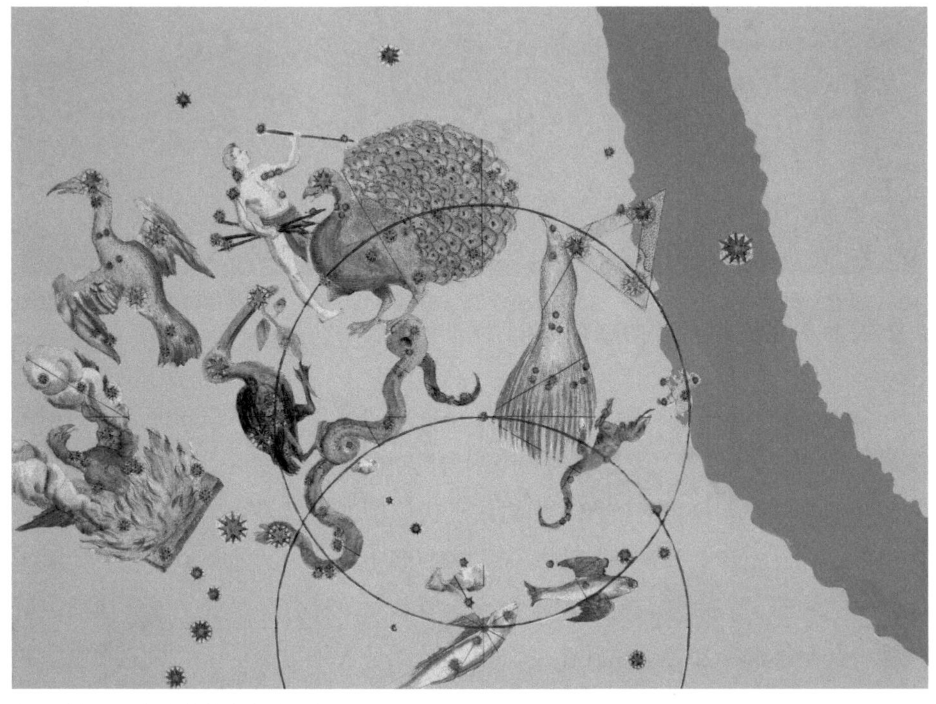

拜耳《测天图》中的航海十二星座。

飞鱼。这是一种长相奇特的动物，它那长长的胸鳍一直延伸到尾部，像鸟类的翅膀一样。飞鱼能跃出水面十几米，在空中停留数十秒，最远可以飞行几百米的距离。

普朗修斯曾是荷兰海军远征队的推动者，他参与过荷兰东印度公司的相关事务。1595 年，在荷兰人首次到东印度群岛进行贸易考察时，普朗修斯就指示凯泽在他前往东印度群岛的航程中对南天极周围的区域进行天文观测，以填补这里的空白。凯泽在那次航行中担任了四艘船中的“荷兰迪亚号”和“毛里求斯号”的领航员。由于航行过程中缺乏新鲜食物，部分船员患上了坏血病，舰队被迫在马达加斯加停留了几个月，而凯泽正是在那里进行了大量的观测，并且编制了一份包含 135 颗南方恒星的星表。

彼得勒鲁斯·普朗修斯。

Dit is des Hemels, Aards, en Zees beschryver daar
Het Nederland door vliegt van't eene Ryck int' aar;
De wijser van de wegh des Hemels soo door leer,
Als leven, daer van geeft hem alleman de Eer:
Int' Hemels, Aards, ter Zee, wel luckich Nederlant
Indien het volgde maer dat Plantius inplant.

Ende is Overleden int Iaer 1622. den 15 May. Out 70 Iarē.

1596 年 9 月，舰队航行至班塔姆（现在印度尼西亚爪哇岛西部的万丹），凯泽不幸离世。令人遗憾的是，现在我们对凯泽的生平和成就所知甚少。尽管凯泽在航行中去世，但他的星表还是在 1597 年舰队返回时被提交给了普朗修斯。根据这些观测结果，普朗修斯于次年在新制造的天球仪上增加了南天的新星座。后来，这些星座在 1600 年的洪都天球仪、1603 年的拜耳《测天图》以及 1627 年的开普勒《鲁道夫星表》中都被采用，从而产生了深远的影响。

另一位进行了观测的贡献者是弗雷德里克·德·豪特曼，他是东印度群岛荷兰舰队指挥官科内利斯·德·豪特曼（1565 - 1599）的弟弟，也是当时舰队的成员之一。弗雷德里克曾经独立于凯泽完成了自己的天文观测。在凯泽去世后，他很可能在返程途中协助整理了这些观测记录。

1598 年，豪特曼兄弟第二次起航前往东印度群岛。在这次航行中，哥哥被杀害，弟弟在苏门答腊岛北部地区被关押了两年。在监禁期间，弗雷德里克学习了当地的马来语，并且利用这段时间进行天文观测。在 1603 年回到荷兰之后，弗雷德里克将他的观测结果作为他所编纂的马来语和马达加斯加语词典的附录一同出版。

他在书中提到，第一次航行时，他观测了南极附近的一些恒星。在第二次航行时，他在苏门答腊岛进行了更为细致的观测，并且扩充了所观测恒星的数量。最终，弗雷德里克在凯泽观测的基础上，将星表中的恒星增加到 303 颗。尽管其中的 107 颗是已知的托勒密恒星，但凯泽和弗雷德里克现在被公认为是 12 个南天星座的共同发明者。

在彼得·凯瑟和弗雷德里克·德·豪特曼等航海家的努力下，到了 16 世纪末，南天的星图已经初步形成。不过，他们并非职业的天文学家，所以观测精度极其有限。直到 17 世纪和 18 世纪，随着职业天文学家埃德蒙·哈雷（1656-1742）和尼古拉·拉卡伊（1713-1762）等人的加入，南天星图才最终得以完善。

哈雷的南天观测

说到哈雷，人们不禁会想到家喻户晓的哈雷彗星。然而，除了发现哈雷彗星周期性回归这一事实外，哈雷还为南天恒星观测做出了杰出贡献。1656 年，哈雷出生在伦敦的一个富裕的肥皂制造商家中。他从小就进入了当时有名的圣保罗学校学习,并在那里对天文学产生了兴趣。哈雷的父亲很支持他学习天文学。哈雷于 1673 年进入牛津大学王后学院。在此期间，他协助格林尼治天文台的约翰·弗拉姆斯蒂德观测过两次月食。随后，他在 1676 年发表的论文中发展了开普勒关于行星椭圆轨道的理论，并因此获得学位。

弗雷德里克·德·豪特曼。

埃德蒙·哈雷。

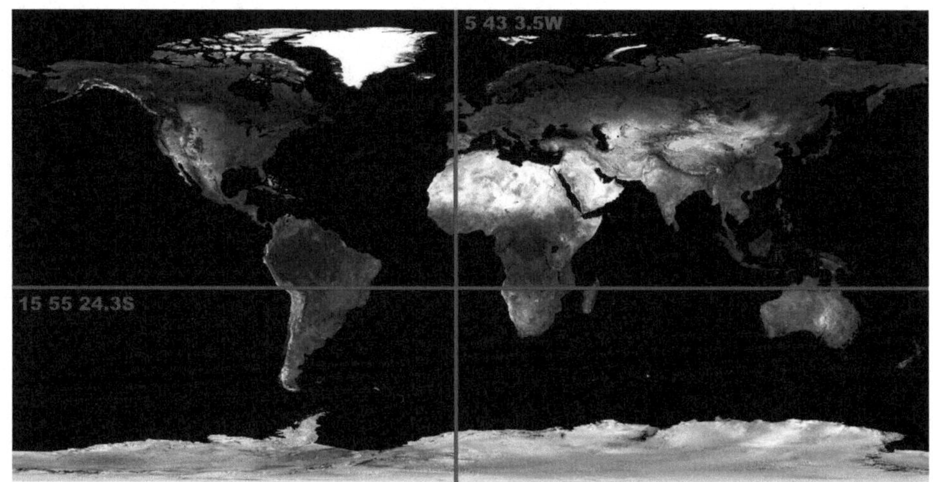

圣赫勒拿岛的位置。圣赫勒拿岛距非洲西海岸约 2000 千米，距南美洲东海岸 3000 多千米。这里的位置偏远，直到 16 世纪才被葡萄牙航海家发现。1815 年 6 月，曾经叱咤风云的拿破仑在滑铁卢战役中惨败而退位之后，便被放逐到遥远、荒凉的圣赫勒拿岛上。

1676 年，哈雷在他父亲的资助下前往圣赫勒拿岛绘制南半球的星图。次年，他在到达那里不久便开始了观测工作。哈雷的观测仪器包括一台装有望远镜的大型六分仪、一台象限仪、一台摆钟和一台测微计，用于精确读取数据。除了观测了几次日食和水星凌日，他还记录了 341 颗南天恒星的经纬度。

1678 年，哈雷回国后完成了一份星表，这也是人类第一份通过望远镜观测而获得的南天星表。因为他的观测精度比此前的凯泽和弗雷德里克的观察精度要高，年仅 22 岁的哈雷被选为英国皇家学会会员。

哈雷在他的职业生涯中接触了很多著名科学家，包括约翰内斯·赫维留、艾萨克·牛顿和让-多米尼克·卡西尼等。哈雷不仅在 1687 年资助牛顿出版《自然哲学的数学原理》一书，他还在 1720 年接替弗拉姆斯蒂德成为第二任皇家天文学家，直到 1742 年 1 月 14 日去世。另外，哈雷在光学、地磁、潮汐和大气压等方面进行了许多研究，他甚至还设计过潜水钟和潜水头盔。

哈雷曾制作过两个直径为 46.6 厘米的天球仪，这些天球仪以黄道南北极为中心，采用极方位立体投影法。他还创建了一个名叫查尔斯橡树座的全新星座，以此献给英国国王查理二世。

查理二世流亡的传奇故事在英国可谓家喻户晓。其中，最有名的事件就是

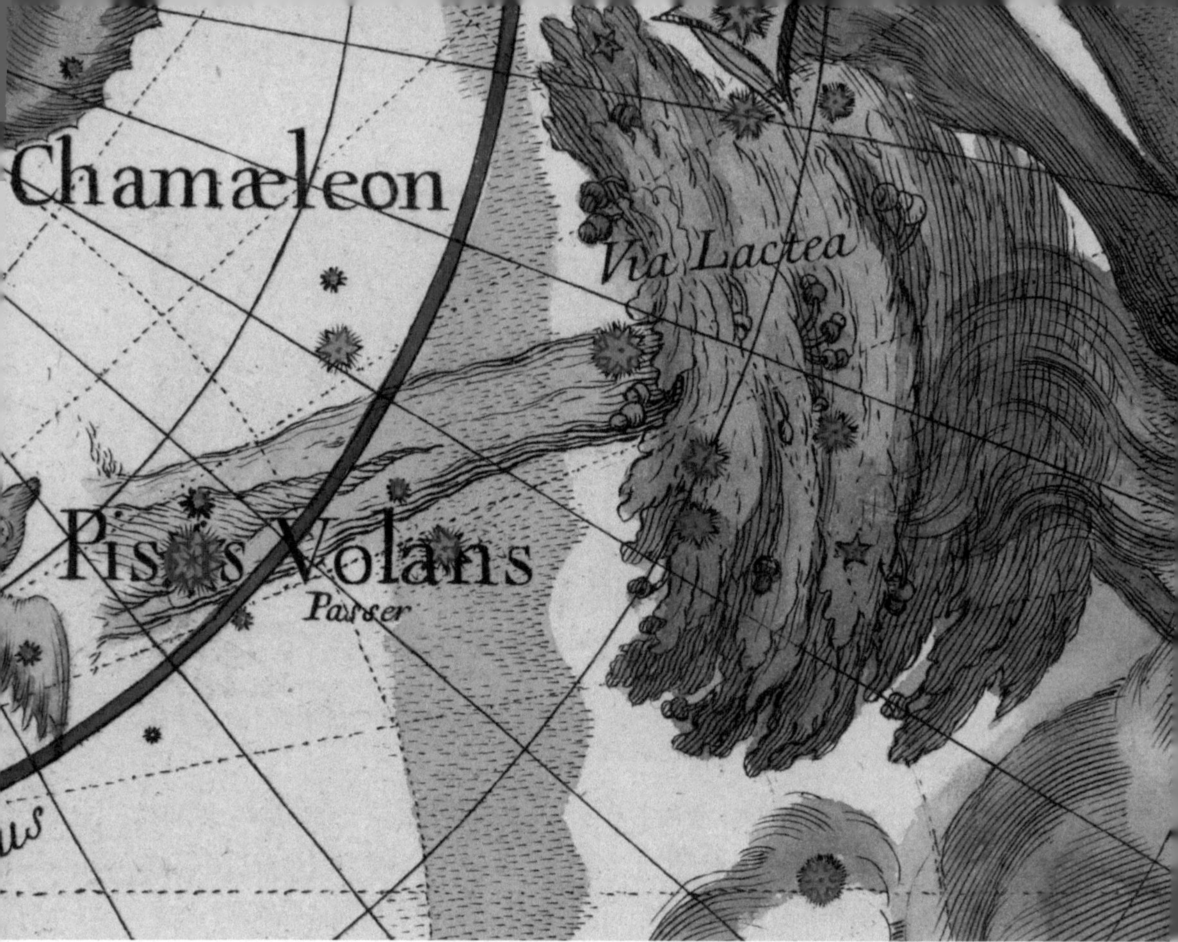

巴蒂（1636 – 1673）所绘制的星图（*Globi coelestis*）中的查尔斯橡树座。

他在 1651 年曾藏在一棵橡树上，以躲避克伦威尔的搜捕。查理二世复辟之后，便将此树封为“皇家橡树”。1679 年，哈雷在半人马座正下方创立了一个新的南极星座，即查尔斯橡树座。如今这个星座已经被完全废弃。后来，哈雷对南天星空的研究成果也被纳入不同制图者的星图中，比如波兰天文学家赫维留的南天星图就借鉴了哈雷的观测数据。

星图中的科学革命

古希腊哲学家亚里士多德在其关于地球形状的论著中曾经指出，地球上所含有的物质都会向中心点坍缩，从而形成一个球体。到了 18 世纪，科学家们已经普遍承认，地球自转所产生的离心力可以让地球产生向外的凸起。可是，这个凸起究竟会出现在哪个方向上呢?

荷兰科学家惠更斯推测，地球在两极地区是扁平的，所以地球应该更像一

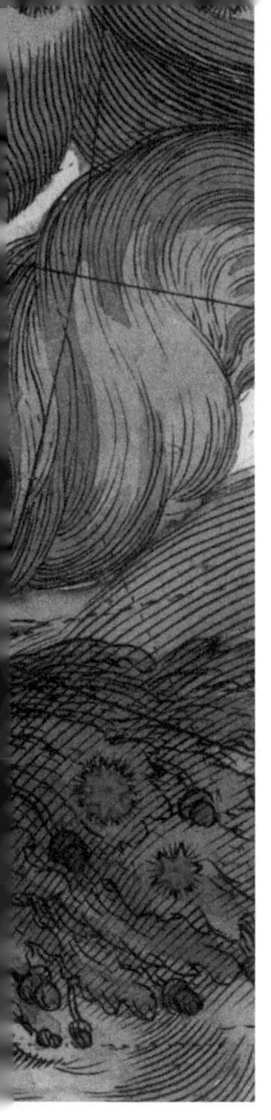

赫维留的南天星图。

个橘子形的扁球体，牛顿引力理论的计算也能够支持这个假说。然而，法国科学家笛卡儿（1596 － 1650）不这么认为。当时巴黎天文台台长雅克 · 卡西尼（1677 － 1756，即天文学界最富盛名的卡西尼家族祖孙四代中的第二代）通过从巴黎不断向北测量发现，每 1 度纬度所对应的距离看起来略有增加。这就意味着地球的形状似乎接近扁长的柠檬形。哪一种说法正确呢？通过分别对赤道和北极附近区域的测量，惠更斯和牛顿一方获得了毋庸置疑的胜利。地球更像个橘子，而并非柠檬。

大地测量的数据与成果，让我们对北半球的形状有了更清楚的了解，但是南半球的形状真的像北半球一样吗？ 18 世纪 50 年代初，法国天文学家拉卡伊带队前往南非，他的主要任务之一就是测量南半球经线的单位弧长。最终，这次测量的结果表明，南半球看起来更为扁长，而地球的形状像一枚小头朝下的鸡蛋。但不久以后，这个结果就被发现是错误的。即便如此，这次考察的意义依然重大，因为拉卡伊还利用这个机会细致地观测了南半球的星空。

拉卡伊于 1713 年出生于法国鲁米尼，年轻时曾学习过数学和神学，后来当了修道院的院长。再后来，他又专注于科学。在雅克·卡西尼的帮助下，他得到了巴黎天文台的一份工作。接着，他完成了从南特到巴约内之间的海岸的测量工作，并于 1739 年参加了测量经过巴黎的子午线的任务。1740 年，他在

尼古拉·拉卡伊。

法兰西公学院担任天文学教授。

1750 年 11 月 21 日，在法国科学院和法国东印度公司的支持下，拉卡伊动身前往南非的好望角，测量南半球经线的单位弧长，对太阳和月球视差进行研究。同时，他用望远镜观测了南天恒星的位置。拉卡伊并不是第一个描绘南半球星空的天文学家，但这并不影响他在天文学史上的地位。在 1751 年到 1752 年的这段时间里，他仅用半英寸的折射镜就观测到了大约 9800 颗恒星，并记录了它们的位置。同时，他还创立了许多至今仍在使用的新星座。

拉卡伊是一个坚定的启蒙主义者。为了符合启蒙运动的精神，他没有用神话主题来命名新的星座，而是在科学革命的时代背景下，用科学仪器和艺术工具对这些星座进行命名。14 个新的南天星座包括望远镜座、显微镜座、山案座、天炉座、南极座、时钟座、圆规座、矩尺座、雕具座、玉夫座、绘架座、罗盘座、网罟座和唧筒座。另外，拉卡伊还试图将南船座拆成船底座、船尾座和船帆座三部分，并将哈雷所创立的查尔斯橡树座从星表中删除。

拉卡伊在 1754 年回到法国后，向法国科学院展示了一幅南天星图，其中包括他自己创立的新星座。这些新星座后来很快就为其他天文学家所接受，并一直流传到今天。

拉卡伊与弗朗索瓦·卡西尼（1714－1784，即卡西尼三世）一起进行天文观测。

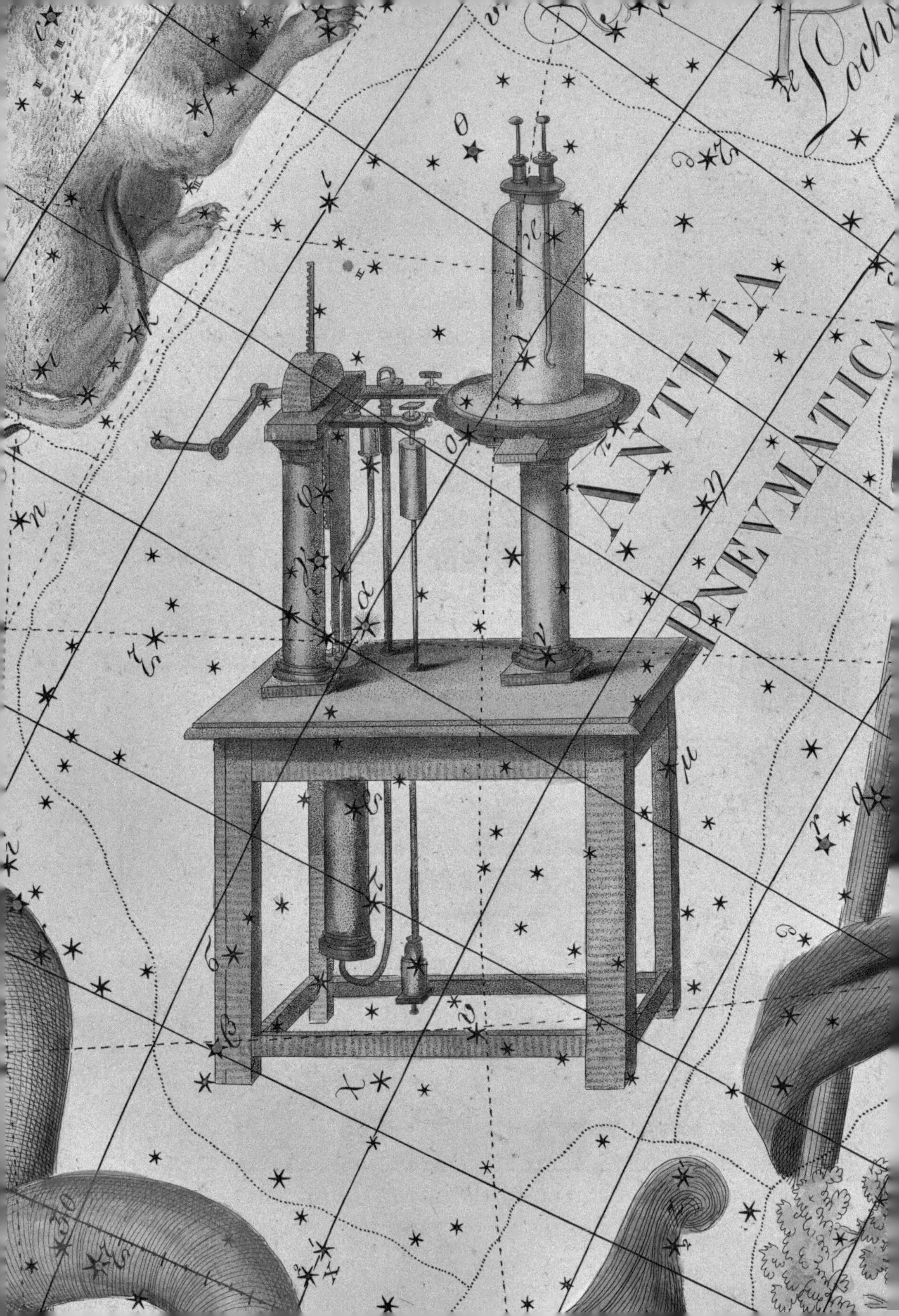
ANTLIA PNEUMATICA

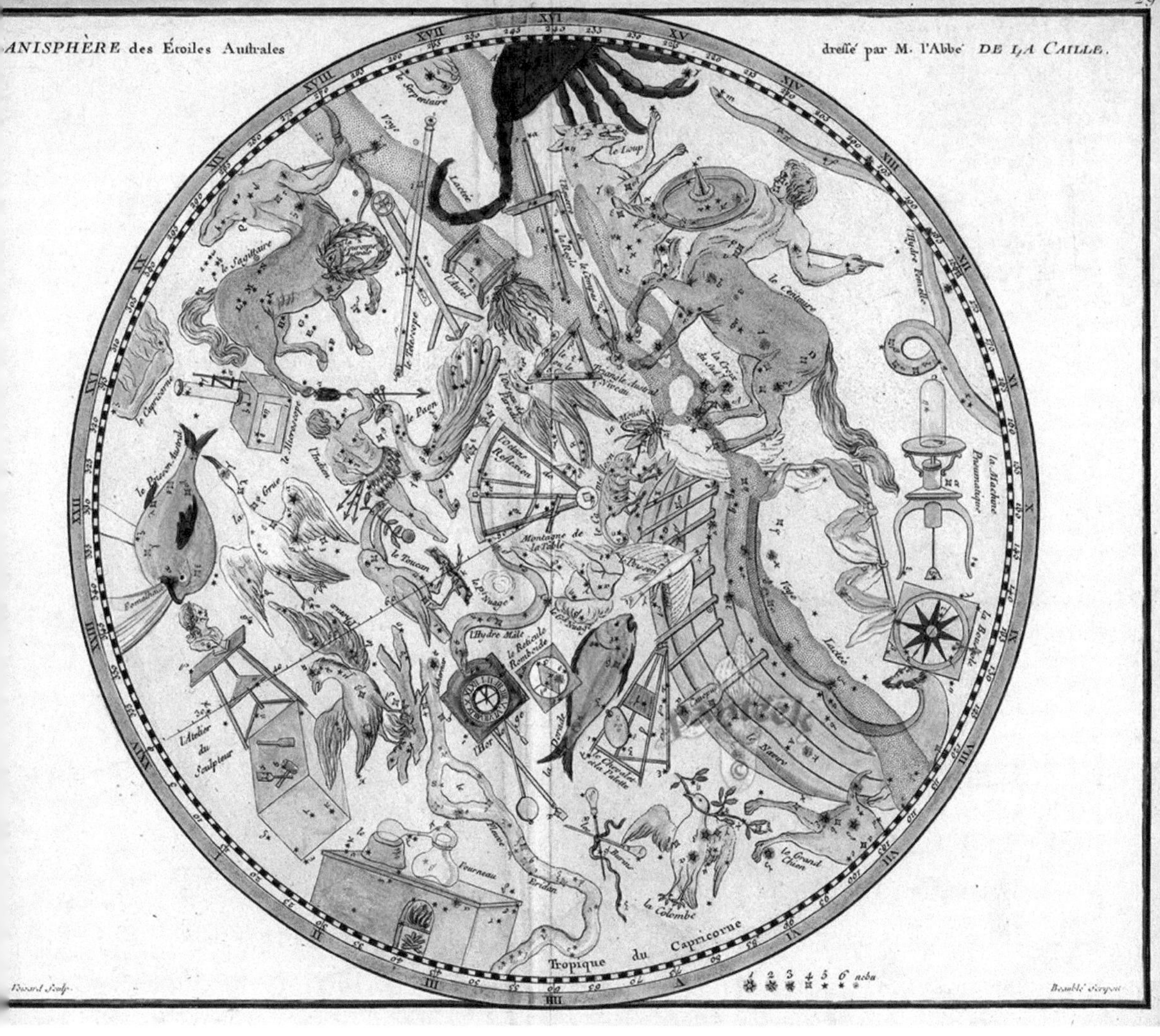

▲ 基于拉卡伊的工作而绘制的星图（*Atlas Céleste de Flamsteed*）。

◀《波得星图》中的唧筒座。唧筒是由法国发明家德老·帕潘（1647 – 1713）设计的一种气泵，后来被罗伯特·波义耳（1627 – 1691）用来研究气体的性质。波义耳的实验开启了对物质性质进行研究的大幕，为后人研究地球万物以及宇宙空间提供了丰富的知识积累。

第 7 章　四个约翰：古典星图的巅峰

在欧洲文艺复兴之后，印刷术和投影绘图技术的改良以及望远镜的发明等对星图的发展产生了很大的推动作用。在 1600 年至 1800 年之间，天体制图进入了黄金时代，出现了大量杰出的星图。人们试图将天上的恒星放置在更加精确的坐标系中，而使用铜版能让这些精细的图像跃然纸上，使星图显得既美观又精确。这个时期的古典星图不仅是科学工具，更是完美的艺术作品。其中，有四个名字中都带有“约翰”的天文学家是当时星图制作者中的翘楚，他们的星图不仅非常精确，而且对后世的天体制图工作产生了深远的影响。他们无疑是古典星图绘制领域的“四大天王”。

拜耳《测天图》

约翰·拜耳的《测天图》是在欧洲印刷的第一部主要的星图集，也是当时最重要的全天星图之一。《测天图》于 1603 年在德国的奥格斯堡印制，从 1624 年到 1689 年又印刷了 8 次。尽管那时所有的印刷品都采用单色印刷，但这部星图集的很多藏本曾在后期通过手工上色，使得它们不仅成为雕刻精细的科学星图，而且是精美的艺术品。

1572 年，拜耳出生于德国奥格斯堡东北约 130 千米的乡村。人们对他的生平知之甚少，只知道他曾在当地的拉丁学校上学，后来在大学里学习哲学和法律，毕业后在奥格斯堡当了一名律师。除了本职工作，拜耳还有其他爱好，其中包括数学和考古学等。不过，他最热爱且后来为他带来声誉的是天文学。拜耳对天体在天空中的位置特别感兴趣，这种热情促使他出版了这部名为《测天图》的星图集。从那时起，欧洲的天体制图工作也向前迈进了一大步。

《测天图》的很多数据来自丹麦天文学家第谷的星表，图中仙后座中最亮的星实际上是 1572 年出现的第谷超新星。在该星图集出版时，这颗星其实已经在天空中消失了。在该星图集出版的第二年，开普勒在蛇夫座中发现了另一颗超新星，不过此时该星图集已经出版，所以拜耳并没有来得及将其标出来。从仙后座与蛇夫座也可以看出该星图集的时代烙印。

《测天图》是拜耳在德国画家和雕刻家亚历山大·迈尔（约 1559- 1620）的帮助下完成的。该星图集采用铜版印刷，共有 51 幅星图，除了囊括托勒密的 48 个星座外，还包括此前不久新发现的南天航海十二星座。其中，前 48 幅画有托勒密所确定的 48 个星座，第 49 幅画有航海十二星座，另外两幅画的是北半球和南半球的完整星图。该星图集中的各星座图均采用梯形投影，且绘有详细的坐标网格。整个星图集中绘制了 2000 多颗恒星，其中 1005 颗来自第谷的星表，拜耳在此基础上又扩充了大约 1000 颗恒星。

《测天图》引人注目的另一个原因是，它引入了用希腊字母标注明亮恒星的惯例。这就是天文学家至今仍在使用的拜耳命名法。这种命名法用希腊字母后面加星座名的方式来命名恒星。每个恒星的名字由两部分组成，前面部分是一个希腊字母，后面部分是恒星所在星座的属格。星座中亮度最高的恒星叫作

《测天图》中的仙后座与蛇夫座。

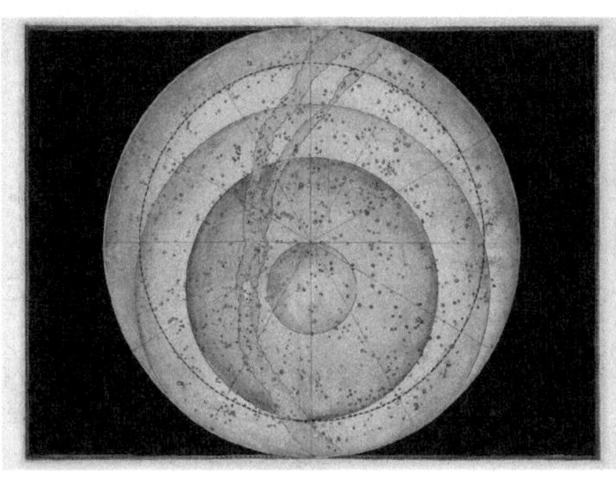
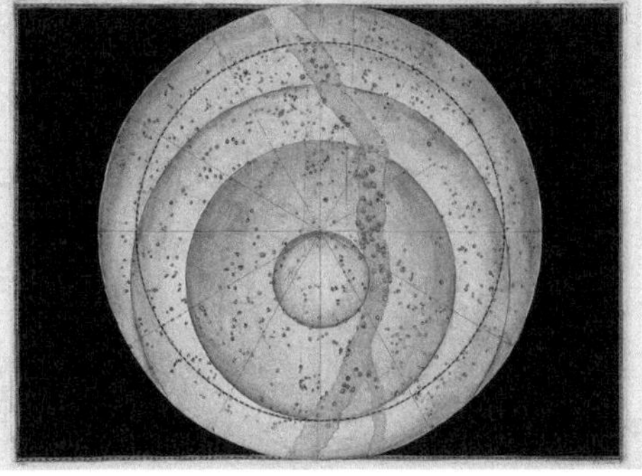

《测天图》中的南北半球星图。

α 星，第二亮的叫作 β 星，按希腊字母顺序依次类推。在用完了希腊字母后，就使用罗马字母来标记那些不那么明亮的恒星。举例来说，明亮的恒星参宿四就是所谓的“α Orionis”，意思是猎户座 α 星。

《测天图》中的猎户座。

因为那时恒星亮度的测量不是很精确，所以这些希腊字母序列仅仅大致按照每个星座中恒星的亮度来排列。事实上，在很多情况下，标记为 α 的恒星并不是最亮的，比如双子座 β 星实际上比双子座 α 星要更亮些。拜耳还没有来得及给航海十二星座中的恒星分配希腊字母，因为这些新发现的恒星的观测数据还不够完善。直到 160 年后，法国天文学家拉卡伊才在 1763 年出版的星图中将拜耳命名法推广到南天。

《测天图》每页的边缘都有网格坐标并标有刻度，这样就可以方便使用者读取每颗恒星的精确坐标位置。尽管恒星的坐标位置是从地球上以仰望的角度绘制的，但是有些星座所呈现的图像采用了俯视的“上帝视角”。也就是说，图中恒星的实际位置与恒星的经典图像描述不一致。例如，猎户座左脚的参宿七被画到了猎户图像的右脚上。

拜耳的《测天图》对后来星图的绘制产生了巨大的影响，其中包括英国天文学家约翰·贝维斯（1695 – 1771）的星图。贝维斯出生在英国的一个富裕的家庭，他早年学过医学，后来由于对天文学感兴趣，成为了一名全职的天文学家。1731 年，他成为第一个记录蟹状星云的欧洲人，这比法国天文学家夏尔·梅西耶将它列为 M1 星云的时间还要早 27 年。

早在 1738 年，贝维斯就开始执行一项雄心勃勃的计划，他打算编制一套

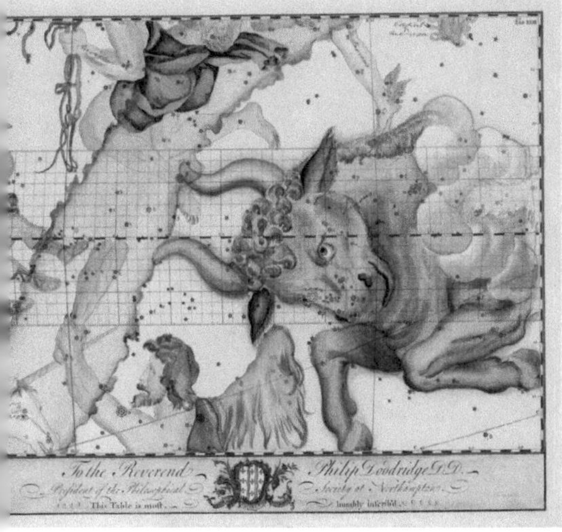

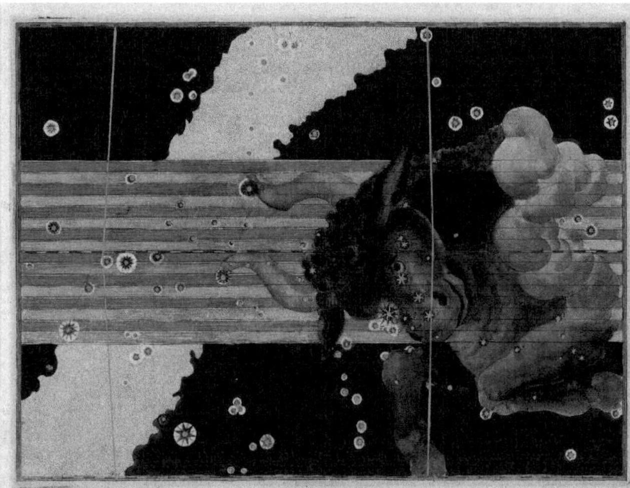

贝维斯《不列颠星图》与拜耳《测天图》中金牛座的比较。

能超越拜耳和弗拉姆斯蒂德的星图。从 1746 年到 1750 年，他将大部分时间用在了这项工作上，最后完成了《不列颠星图》。该星图集在形式上模仿了拜耳《测天图》的顺序和风格，每幅星图的底部都有一个 3.4 厘米高的装饰性长条，分别题献给那些为绘制星图集提供资金支持的组织或个人。除了托勒密的 48 个星座外，贝维斯还添加了南方星座以及赫维留的 10 个星座和 17 世纪的其他 5 个星座，一共包含了 79 个星座。该星图囊括了 3550 多颗恒星，这比弗拉姆斯蒂德的星图还多 600 颗。与以前的其他星图不同，贝维斯的星图还描绘了 9 个被称为星云的天体。除了我们现在所说的蟹状星云、鬼星团、昴星团和仙女星云之外，M11、M13、M22 和 M35 等星云也首次出现在星图中，尽管贝维斯并没有给它们命名，只是在星图上标注出它们并非恒星。

《赫维留星图》

在前面，我们已经提到过哥白尼的老乡约翰内斯 · 赫维留。赫维留是一位有些古板的波兰天文学家，尽管望远镜已经出现了半个多世纪，但他仍然坚持用肉眼观测恒星，因为他担心当时望远镜的镜片会对恒星观测造成干扰。不过，赫维留是一位极具观测天赋的天文学家，在改进了传统仪器之后，他的观测精度甚至比丹麦天文学家第谷的观测精度还要高。

1670 年，天空中出现了一颗新的恒星。赫维留指出了这颗恒星在天鹅座中的位置，并称之为“天鹅头下的新星”。后来，这颗新星被称为狐狸座 CK。赫维留将这一发现发表在英国皇家学会的《哲学学报》上，并在星图中标注出了这颗新星。

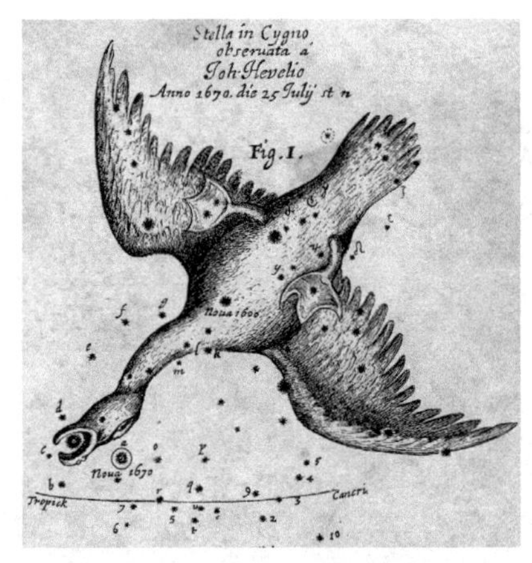

赫维留于 1670 年发现的一颗新星。

不过，在 300 多年后的今天，一些望远镜的最新观测表明，这颗恒星并不是新星，而是一种更为罕见、猛烈的恒星碰撞。在最初爆发时，它已经足够壮观，可以轻易地用肉眼看到。但是现在它所留下的痕迹已经非常微弱了，需要使用亚毫米波射电望远镜才能探测到。

赫维留曾编纂过一份包含 1500 多颗恒星的星表，后来这些工作形成了一部包含 56 幅图像和 73 个星座的《赫维留星图》。星图中大部分北天恒星的位置是由赫维留根据自己的观测结果确定的，而南天的 341 颗恒星则依据了哈雷在 1676 年的观测数据。

为了填补北天的一些空白区域，赫维留在绘制星图的过程中创立了 10 个全新的星座，其中大部分被保留了下来。比较有意思的是，赫维留首创了狐狸与鹅座，现在鹅座已经消失了，只剩下狐狸座。至于赫维留为什么要创立这样一种组合，我们目前不得而知。不过，在中世纪早期的欧洲曾经流传着这样一个令人费解的难题。

这个故事讲的是一只狐狸、一只鹅和一袋豆子。很久以前，一个农夫去赶集，他买了一只狐狸、一只鹅和一袋豆子。一想到回家后妻子看到肥嘟嘟的大鹅、毛茸茸的狐狸和满满一袋子豆子时的笑容，农夫激动的心情就溢于言表。

正在这时，他到了河边，发现只有乘船过河才能回家。但是船上的空间不够大，一次只能装下狐狸、鹅和豆子中的一样。因此，他每趟只能携带一样东西过河，而剩下的两样东西则要留在岸边。可是，倘若他将狐狸和鹅留在岸边，带着豆子过河，那么狐狸就会吃掉鹅；如果他带狐狸过河，将鹅和豆子留在岸边，那么鹅就会吃掉豆子。大伤脑筋的农夫不由得挠起了头，他该怎么做才能将这三样东西都平安地带回家中呢？

数百年来，人们都在乐此不疲地谈论这个有趣的问题。赫维留是否听说过这个故事，人们也不清楚。但是，这只鹅现在似乎已被天文学家所遗忘，它已经从星座中消失了，没准儿就是被狡猾的狐狸吃掉了吧。

在赫维留所创造的星座中，还有一个名为“地狱犬座”的星座，现在已不存在了。这个星座的原型来自古希腊神话中守护地狱之门的三头怪地狱犬，它与大力神赫拉克勒斯的传说有关。天后赫拉为了刁难赫拉克勒斯，让他去执行12项非常危险的任务，其中最危险的任务便是制服地狱犬刻耳柏洛斯。赫拉克勒斯到了冥界之后，徒手制服了这个可怕的怪物，将它从黑暗的冥界带到了人间。于是，赫维留在星图中据此创建了地狱犬座，描绘了武仙座赫拉克勒斯伸手掐住地狱犬的情形。

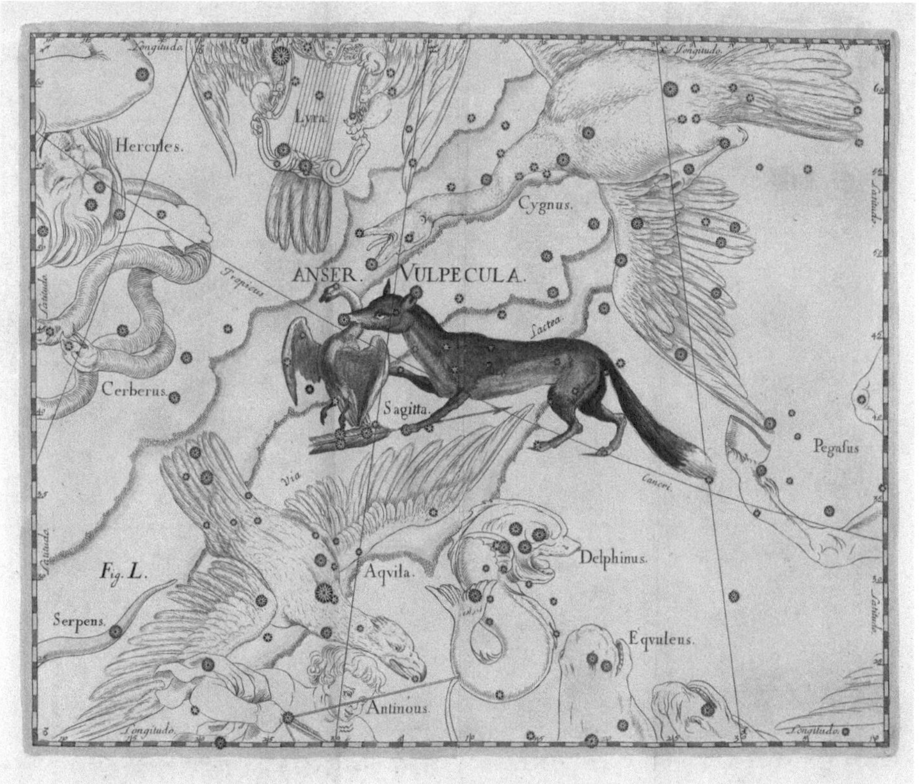

《赫维留星图》中的狐狸与鹅座。

《弗拉姆斯蒂德星图集》

约翰·弗拉姆斯蒂德是首位英国皇家天文学家，在英王查理二世的支持下，他创立了格林尼治天文台，并担任第一任台长达 44 年之久。他或许也是第一个认出天王星的人，虽然他当时并没有意识到这一点，因为他将天王星错当成了一颗恒星，并将其编为“金牛座 34”。1781 年，另一位英国天文学家威廉·赫歇尔独立发现并证实天王星是一颗前所未知的行星。

威廉·赫歇尔。

在格林尼治天文台工作的弗拉姆斯蒂德。

弗拉姆斯蒂德出生于英国登比，他的父亲曾是一个富裕的酒店老板。在他3岁的时候，母亲去世了，他的继母在他8岁的时候也去世了。14岁的时候，弗拉姆斯蒂德患上了慢性风湿病。由于他的身体不好，他的父亲决定不送他上大学。不过，他自学成才，不久就在数学和天文学方面突显才能。

在大航海时代，由于不能准确地进行导航，海难事故频发。于是，英国于1675年在格林尼治建立了皇家天文台。作为台长的弗拉姆斯蒂德被委以重任，他试图寻找一种在海上能够确定经度的天文方法。当时他所设想的是，编制出一份精确的恒星星表，以此来推算时间，从而解决经度测量的问题。作为最早使用望远镜对恒星进行系统观测的天文学家，弗拉姆斯蒂德的观测

《弗拉姆斯蒂德星图集》中的鲸鱼座，图中的两条红白相间且相交的线分别为赤道和黄道。

工作使得天体测绘有了长足的进步。通过一段时间的观测，他系统地对 2848 颗恒星进行了编目，并且达到了前所未有的精度水平，这便是后来著名的《不列颠星表》。这也是通过望远镜观测所编成的第一份大型星表，据说其精度达到了《第谷星表》的 6 倍。在新成立的格林尼治天文台，他长期积累的观测资料使他能够以前所未有的精度水平对 2848 颗恒星进行系统的编目，这便是后来著名的《不列颠星表》。在他死后，1725 年这份星表被收录在《大英百科全书》第三卷当中得以出版。在 4 年后的 1729 年，他的遗孀还出版了他根据实际观测制作的一部星图集，即著名的《弗拉姆斯蒂德星图集》。

这部包括 25 幅铜版画的精美星图集以弗拉姆斯蒂德本人的观察为基础，星

《弗拉姆斯蒂德星图集》中的牧夫座、猎犬座和后发座。我们可以清晰地看到其中纵横交错的赤道和黄道两种坐标网格。

图中的恒星被划分为 55 个星座，其中大部分是托勒密划定的星座，还有一些是新增的星座。弗拉姆斯蒂德的星图主要根据赤道坐标进行投影，因为赤道坐标的使用更为简便。当然，图中同时标注有一些黄道坐标的网格。

《弗拉姆斯蒂德星图集》是当时包含恒星数量最多的星图，比拜耳和赫维留的星图包含更多的恒星。弗拉姆斯蒂德还特别注重描绘希腊星座的形象，为了与托勒密的描述相吻合，所以他并不完全赞成拜耳在《测天图》中对星座形象的描绘。

弗拉姆斯蒂德还发明了另一种恒星命名方法，即使用数字编号来标识每个星座内的恒星。这就是弗拉姆斯蒂德命名法。《弗拉姆斯蒂德星图集》的另一

《弗拉姆斯蒂德星图集》中的英仙座、仙女座和三角座。每幅星图的尺寸约为 47 厘米 ×58 厘米，这在当时属于尺寸较大的星图。

个特点是使用了正弦曲线投影。与拜耳和赫维留等人在早期采用的梯形投影相比，他的星图的扭曲和变形程度都要小一些。当然，正弦曲线投影也只能稍微改善投影的扭曲问题，这种在平面星图中因投影而产生的误差其实是无法从根本上消除的。

《弗拉姆斯蒂德星图集》的一个主要缺点就是尺寸过大，在使用时会有一些不便。因为人们在实际观星时，希望能有更加便携的版本。此外，该星图集由于更多地注重内容上的精确性，所以其星座图像不如其他星图那样美观。《弗拉姆斯蒂德星图集》对后来的一些星图产生了不小的影响，比如法国科学仪器制造商让·尼古拉·福尔坦（1750 - 1831）以及德国天文学家约翰·埃勒特·波得等人的星图都受到了它的影响。

《波得星图》

约翰·埃勒特·波得出生于德国汉堡。他是汉堡的一位商人的儿子。波得小时候在数学方面很有天赋，他把大部分时间都用于自学天文学。十几岁时，他发表了自己的第一篇论文，很快就成为了一名高产的天文爱好者，同时也是一名优秀的天文观测者。波得曾在柏林科学院工作过一段时间。1786 年，他被选为柏林科学院院士，并成为柏林天文台台长，在那里工作了将近 40 年。

波得一直以来都在改进柏林天文台的观测设备,并且坚持不懈地巡视天空，记录下他的各种观测结果。他在一生中出版了几本重要的天文学教材，并提出了一条关于太阳系中行星轨道的几何学规则，后来该规定被命名为提丢斯 - 波得定则，简称波得定则。这是一条关于太阳系中行星轨道的几何学规则。

约翰·埃勒特·波得。

《弗拉姆斯蒂德星图集》及波得再版版本中的蛇夫座。

1768 年，波得出版了他的第一本书，该书成为当时最受欢迎的天文学入门书。该书先后出版了十几个德语版本，并被翻译成荷兰语和丹麦语等。1782 年，波得还用德语出版了缩印版的《弗拉姆斯蒂德星图集》，其中共有 34 幅图。除星座图像外，其中还有两幅直径为 17 厘米的赤道南北星图。波得在前人工作的基础上，增加了不同来源的 1520 颗恒星，并使用连续的数字对这些恒星进行编目。这部星图集在 1805 年以德语和法语重新出版，其中还包括了一些新的恒星和星座。

波得最重要的工作之一就是他的《波得星图》，这部于 1801 年出版的星图集是当时尺寸最大、所包含恒星数量最多的星图集，其中有 17240 颗恒星和

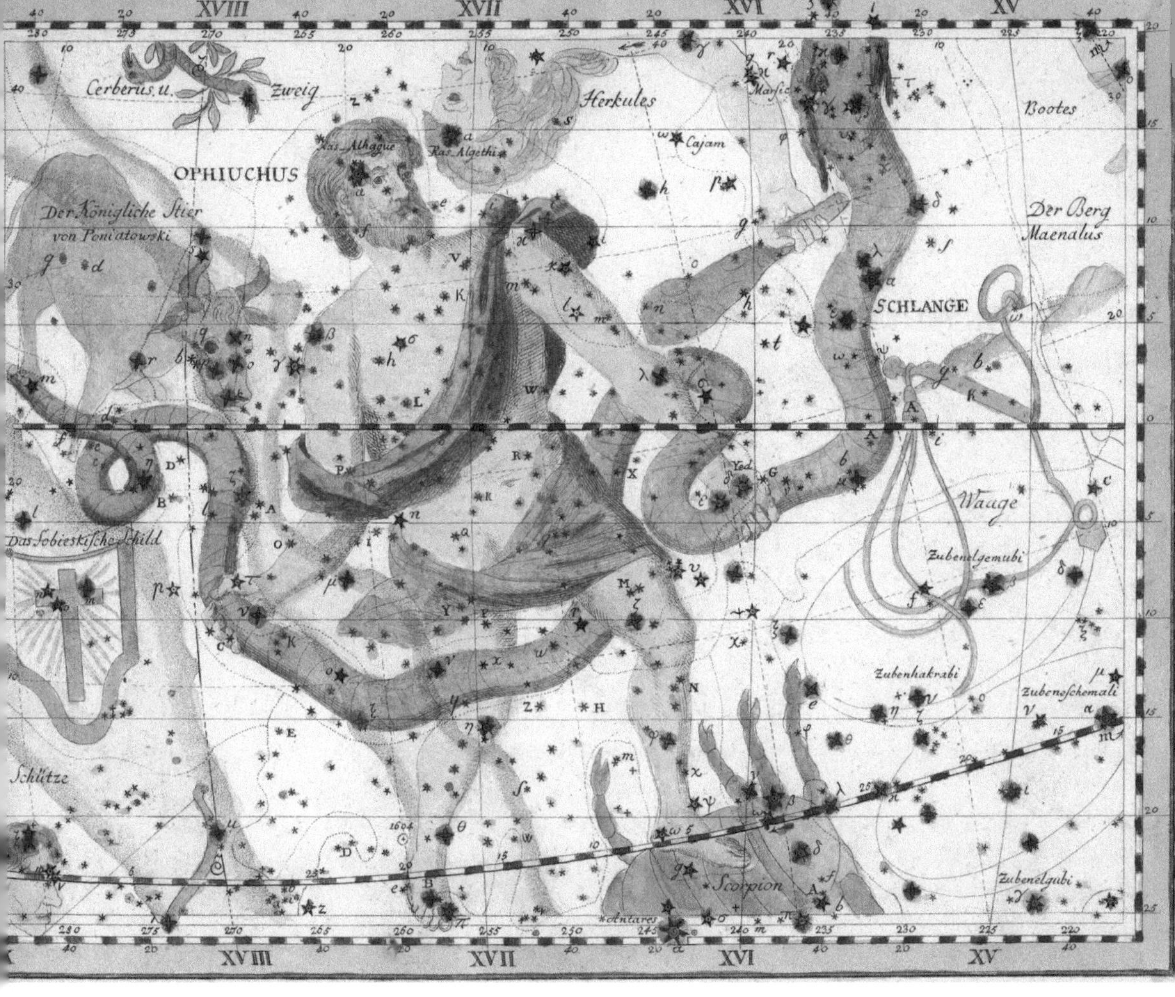

2500 个星云，数量远远超过以往的各类星图集。该星图集的观测数据主要来自弗拉姆斯蒂德、拉卡伊、拉朗德和波得本人。

《波得星图》共由 20 幅图组成，图中还在星座之间画出了分界线，尽管当时人们关于这些分界线还没有达成一致意见。当然，这也是一项不太容易完成的工作，即使行事挑剔的弗拉姆斯蒂德此前也无法完全确定其星图中每一个星座的天区范围。另外，《波得星图》中还绘有两幅以春分点和秋分点为中心的天球图，其直径达到 56.7 厘米。因此，无论用什么标准来衡量，这都是当时水平非常高的著作。剩余的 18 幅星图描绘了 100 多个星座，其中有一些还是波得自己创立和命名的，不过这些新创立的星座后来大部分被取消了。

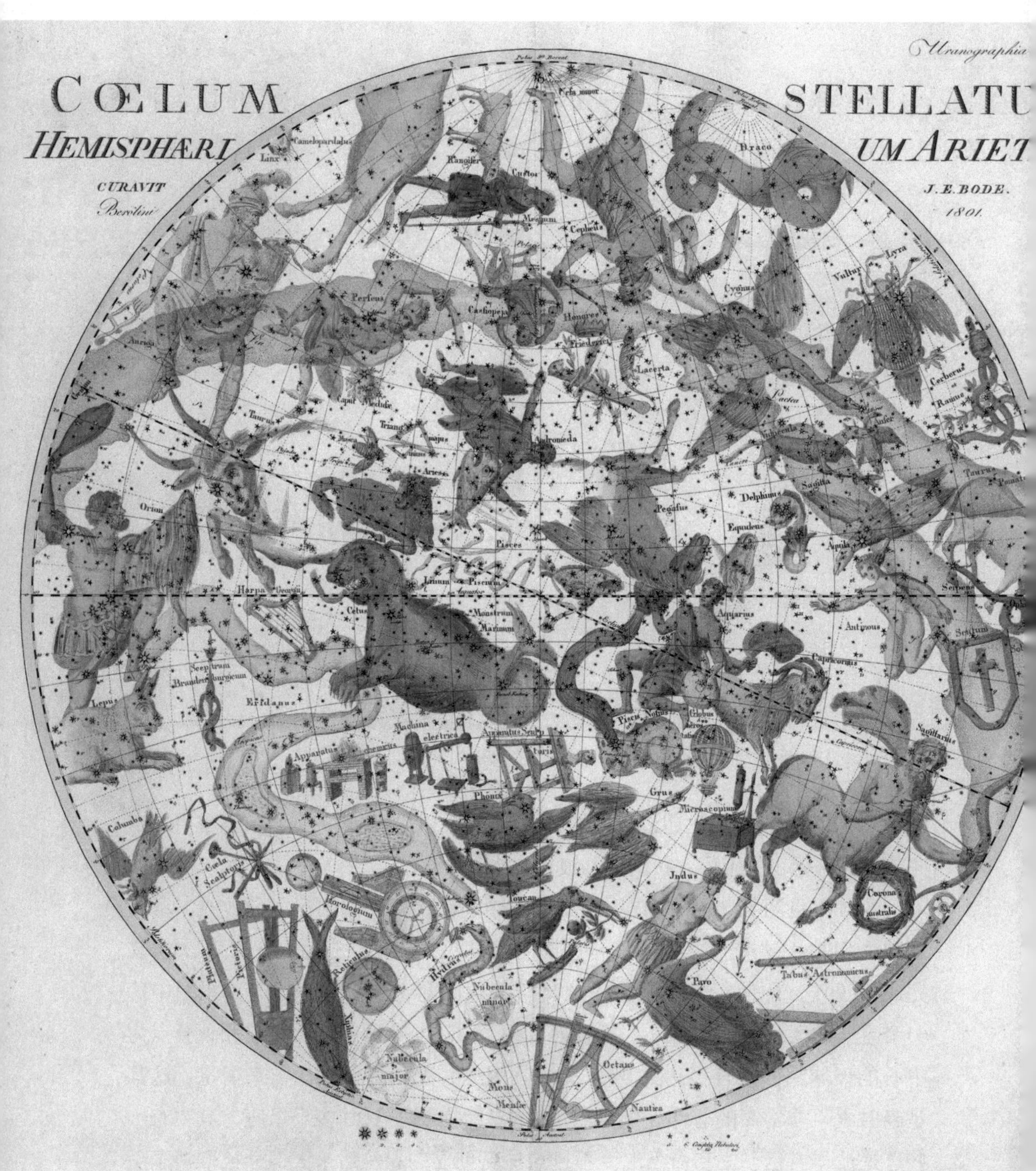

《波得星图》中的两幅以春分点和秋分点为中心的天球图。

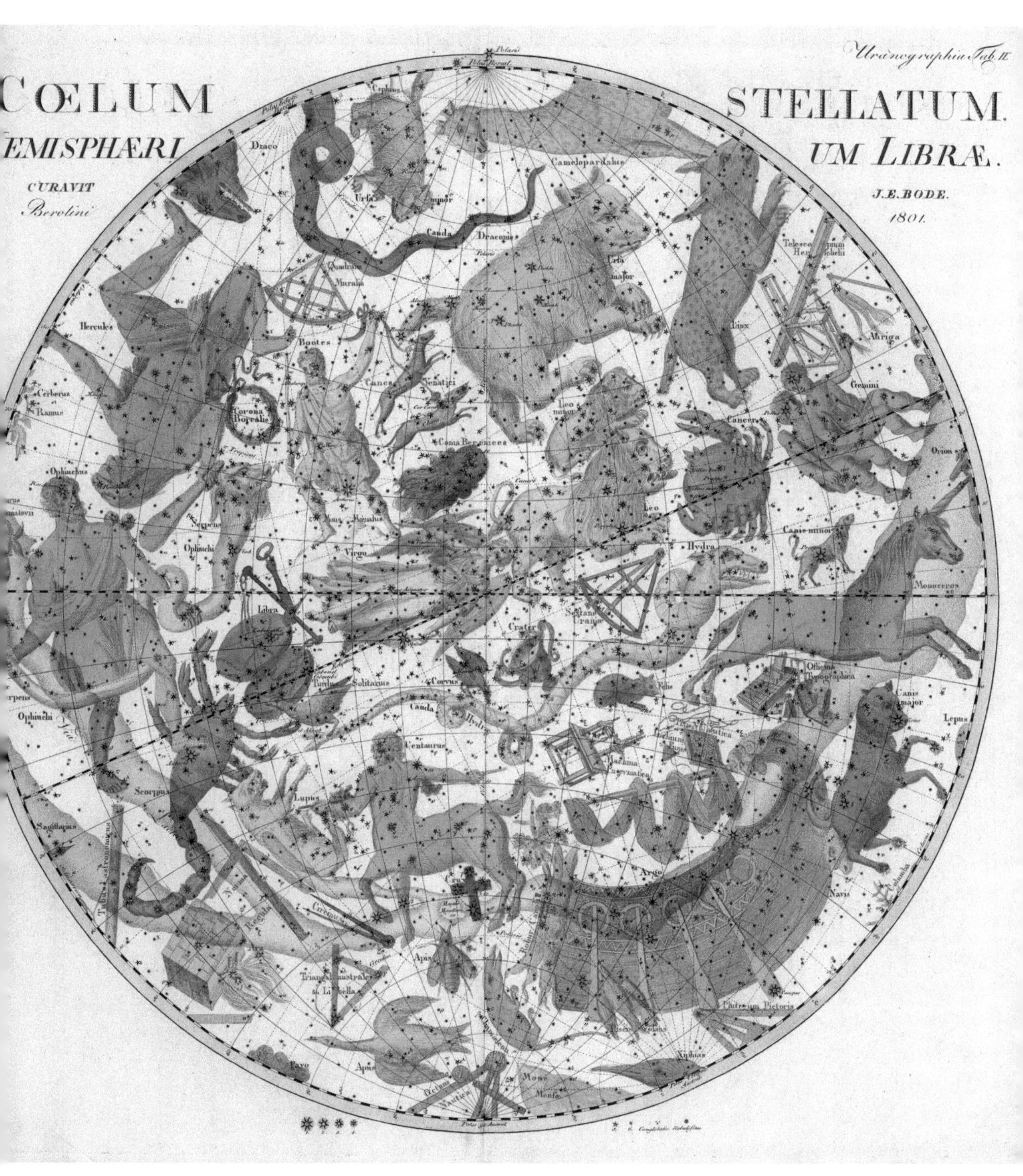
Uranographia Tab. II.
CŒLUM
STELLATUM.
EMISPHÆRI
UM LIBRÆ.
CURAVIT
Berolini
J.E.BODE.
1801.
Draco
Camelopardalus
Hercules
Bootes
Cerberus
Ramus
Corona Borealis
Coma Berenices
Leo
Cancer
Gemini
Auriga
Lynx
Orion
Canis minor
Monoceros
Hydra
Virgo
Libra
Crater
Corvus
Officina Typographica
Canis major
Lepus
Centaurus
Lupus
Scorpius
Sagittarius
Argo
Navis
Apis
Pavo
Xiphias

波得的星图使用了一种与天赤道对齐的圆锥投影。他认为经过这样处理后，星座的畸变会比梯形投影和正弦曲线投影要小。波得还关注恒星的位置、亮度及其物理特征，所以他的星图更为实用，而不再像以前的星图那样过于艺术化。《波得星图》的出版标志着古典星图时代的终结，此后人们在各种星图中逐渐放弃了绘制星座的图像，往往只注重星图的科学部分。

《波得星图》中的南天星图。

第 8 章　星空变形记：星图的投影技术

亨利二世的披肩

神圣罗马帝国皇帝亨利二世（973 - 1024）是一位不同寻常的统治者。他是奥托王朝的最后一位神圣罗马帝国皇帝，也是德意志国王、意大利国王和巴伐利亚公爵。亨利二世是一位虔诚的天主教信徒，他致力于改革教会，协助传教工作，并建造了许多大教堂和修道院。由于对教会的慷慨和忠诚，他赢得了教皇的欢心，在 1146 年被教宗尤金三世册封为圣人。

此外，亨利二世有一件举世闻名的“星辰披肩”，这也是当今欧洲最古老的刺绣披肩之一。这件披肩非常华丽，蓝色的锦缎上有各种精美绝伦的星座刺绣图案。据说，这件披肩是由伊斯梅尔公爵定制献给亨利二世的，上面的铭文写着“亨利皇帝，愿您的帝国不断壮大，您是永远的统治者”。伊斯梅尔在 1018 年的意大利坎尼战役中战败，他尝试获得亨利二世对自己的支持。

披肩上除了不同的星座外，还描绘有一种冬夏二至半球的天球图案。这实际上是早期星图的投影方式之一。在早期的西方，与星座有关的器物多为天球，

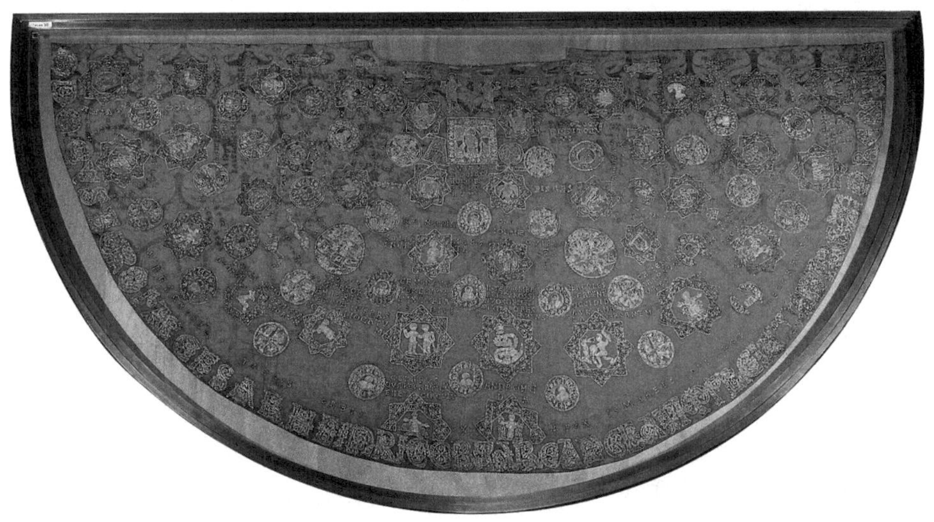

亨利二世的披肩。

亨利二世披肩上的星座图案。

它们通常是艺术品或某些器物上的装饰性部件。尽管这些天球可以避免在绘制平面星图时遇到的投影问题，但也有其缺点：一是制作球形天球的工艺比较复杂；二是天球的尺寸太大时携带不方便，而尺寸太小时又无法呈现更多的细节。所以，人们就逐渐发展出了平面星图，使其成为星图的重要表现形式。

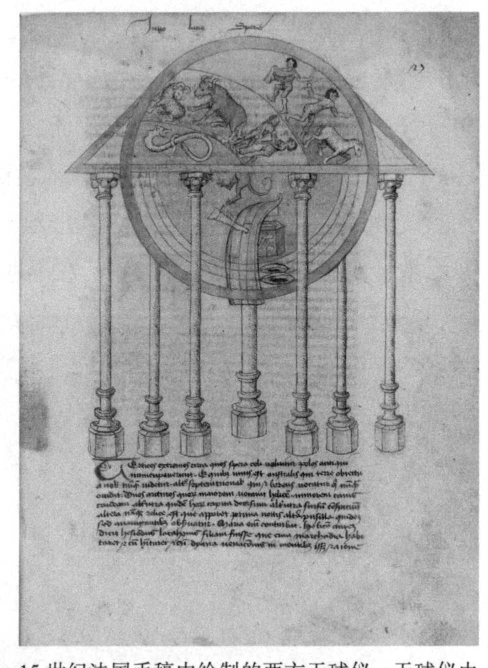

15世纪法国手稿中绘制的西方天球仪。天球仪由7根支柱支撑，上面绘有白羊座、金牛座、双子座、南船座等星座。

亨利二世披肩上的平面星图使用各种网格线来标注星座位置信息，而整个星图由代表冬至和夏至的两个不同的圆圈组成，这些圆圈构成了其基本框架，也代表了等距的曲线。圆圈中有一条垂线贯穿其中，分别代表夏至线和冬至线。此外，圆圈中还有恒显圈、恒隐圈、南北回归线和赤道5条平行线，以及呈弧形的黄道。

亨利二世披肩上的冬夏二至半球星图图案。

不过，从中世纪到文艺复兴之前，西方的星图投影方法并不完善。这种冬夏二至半球图在投影方法上类似于后来的正交投影，即球体上的一个点可以从无限远的地方投影到与该球体相切的平面上。投影后的恒显圈、南回归线、北回归线和赤道等圆圈表现为相互平行的直线，黄道为一条半椭圆形的弧。这些特征表明，这种绘图方式包含了现代正交投影的某些思想，但是它与几何学中的正交投影并不完全一样。

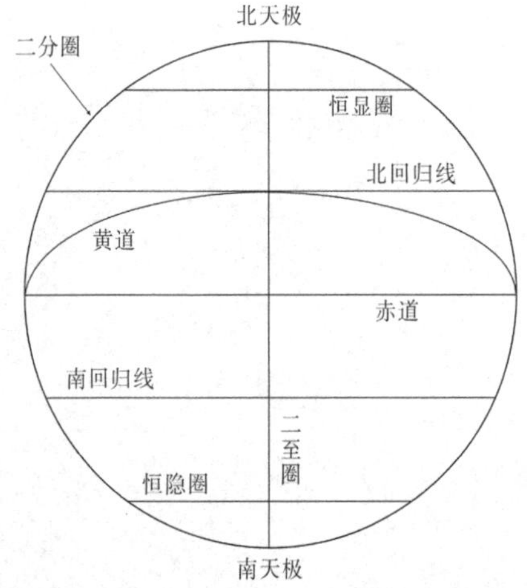

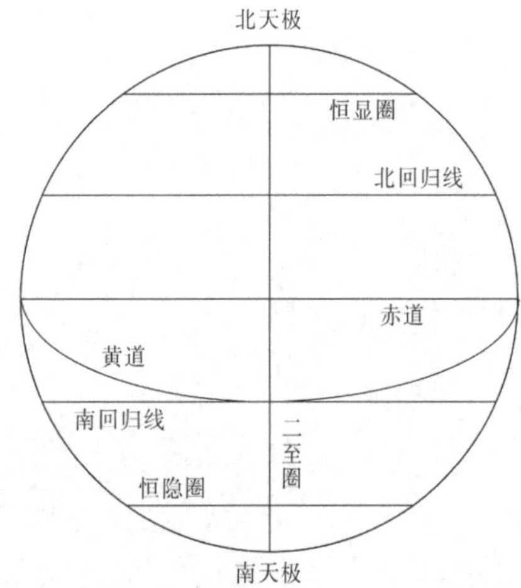

冬夏二至半球图示意图。

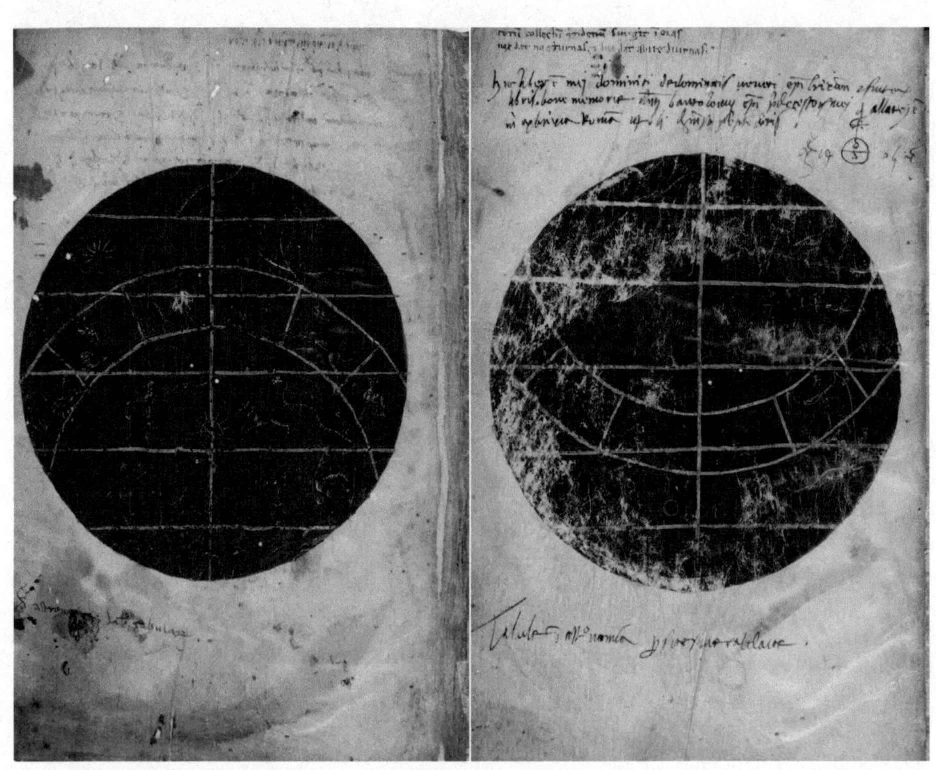

9 世纪上半叶拜占庭地区冬夏二至半球图手稿。

15 世纪法国冬夏二至半球图手稿。

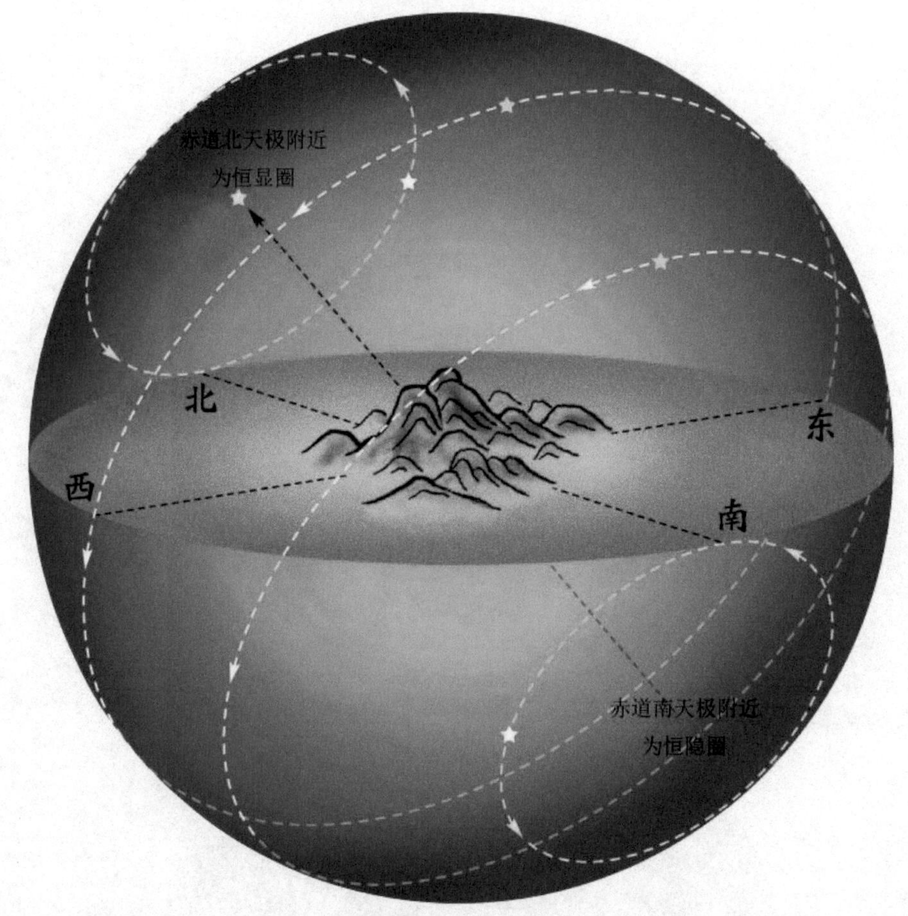

恒显圈与恒隐圈。

由于地球自转的原因，夜晚人们会发现不断有星星从东方升起。它们像太阳一样，每天东升西落，周而复始。但是因为地球绕着太阳公转，每天晚上的同一时间，人们仰望的星空不尽相同，同一颗星星升起的时间每天都会比前一天提前 4 分钟左右，我们在不同季节所看到的星空也就不一样了。在北半球的天空中，北天极附近的区域终年可见，通常被称为恒显圈。相反，赤道南天极附近的区域则终年不可见，被称为恒隐圈。

中世纪，西方有一种非常流行的见界半球星图。这种星图通常在一个圆面内绘制出某个地区可见的完整星座。在图中，一系列同心圆围绕着中心的天球北极，从内到外依次是恒显圈、北回归线、赤道、南回归线和恒隐圈。有的图中还画有一个与赤道相交的

10 世纪晚期西方的见界半球星图。

大圆，表示黄道带。另外，也有些图中画有两条穿过北赤极的垂线，分别代表二分圈和二至圈。利用这些圆圈所组成的网格化坐标，就能将不同的星座绘制于相应的位置。此外，这种类型的星图中通常也会绘有一个圆圈，示意性地表示银河的位置和走向。

西方人的这种星图形式与中国古代传统的星图有许多相似之处，它们都是以恒隐圈为边界、以赤极为中心的同心圆结构。不过，和西方的星图不同，中国的古星图一般没有象征银河和南北回归线的圆圈。此外，中国的古星图一般还将恒显圈之外的天区以扇形分布的方式划分成二十八宿等不同区域。

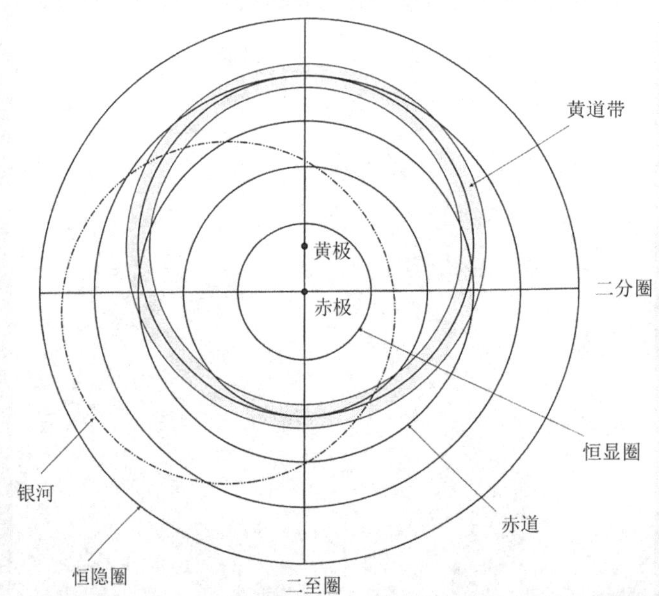

见界半球星图示意图。图中用圆圈标注出赤道、黄道带和银河的位置。星图的坐标以赤道坐标系为主，正中为赤道北天极。

南宋《苏州石刻天文图》。它是根据北宋元丰年间（1078－1085）的天文观测结果完成的，由黄裳于南宋光宗绍熙元年（1190 年）绘制献呈，最后由王致远于南宋理宗淳祐七年（1247 年）刻制而成。为使图表的结构更加清晰，我们在图中以红色标注赤道，黄色标注黄道，蓝色标注恒显圈，绿色标注恒隐圈。这与西方的见界半球星图有诸多相似之处。其中的一个不同之处是，《苏州石刻天文图》中绘有较为精细的银河范围及其走向和分叉。

殊途同归的地图与星图

大家对地图都很熟悉，但大多数人对星图还比较陌生。其实，地图和星图之间有很多相似之处。天体制图和地理绘图有时也会面临相似的问题，比如如何有效地绘制出真实的星空和地理疆域。在投影技术发展成熟之前，这一直是一个难题。

在人类历史上，地图和星图的发展分别遵循着两个不同的方向。地图最开始描绘的是非常局部的区域，随着探索的范围越来越大，它所描述的地区不断扩大。但是，星图向相反的方向发展，人们可以轻易地看到整个星空，但只有随着科学仪器和探测手段的进步，更多的天体和星空细节才能从黑暗中被人们

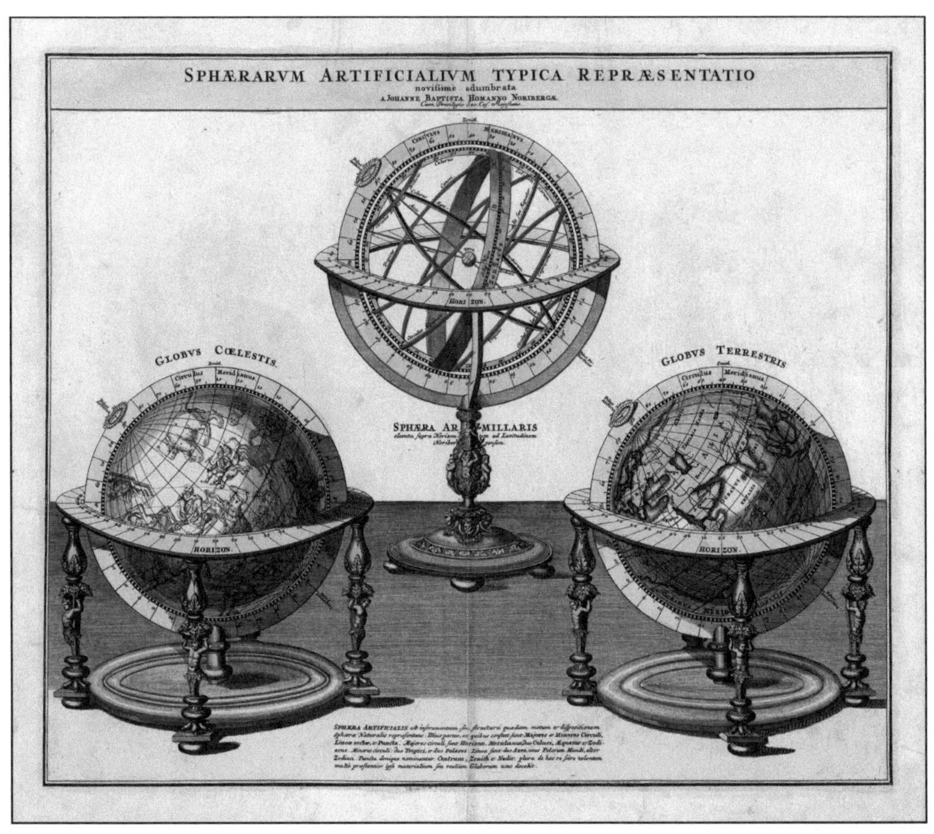

天球仪、浑天仪与地球仪，它们都是通过球体来分别呈现天空和地球上的不同景象。

挖掘出来。不过，在绘图技术上，两者实际上是殊途同归。

古代西方人认为天穹和地球一样都是球形的，因此在绘制星图时也会遇到地图绘制中类似的问题，即如何使描绘天空中的星座，使其像国家的疆域一样在绘图时不会产生明显的变形。随着人们数学和几何知识的不断积累，星图投影技术也在不断发展。

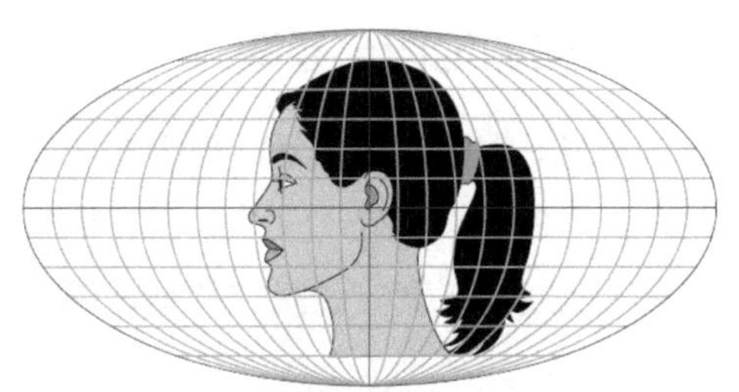

摩尔威特投影

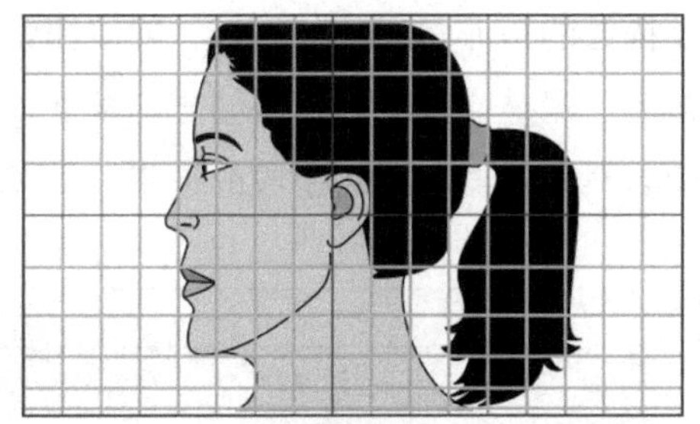

圆柱等积投影

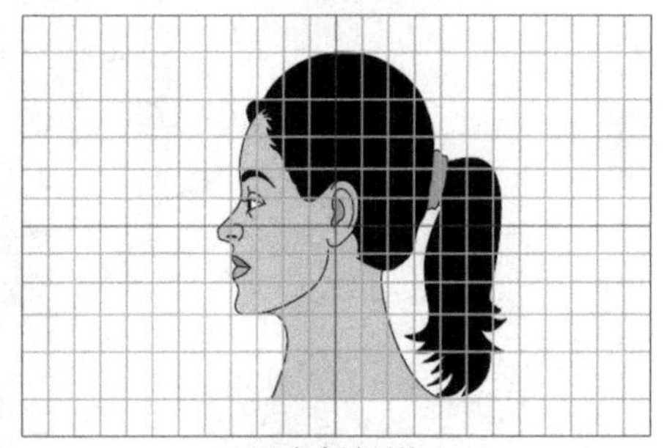

墨卡托投影

不同投影方法的比较。一种投影方法中的图像在其他投影方法中会产生不同程度的变形。

今天我们所使用的各种地图都得益于欧洲大航海之后投影方法的发展，特别是航海地图的发展。地球的形状使子午线像橘子瓣一样在南北两极会合，从而使得航海图不能准确地呈现在平面上。如何在平面上最大限度地利用直线来表示航线，成为当时世界范围内的难题。很多制图师尝试使用不同的投影法，但都没有成功地“将世界扯平”。

最后，制图师墨卡托（1512－1594）在1569年设计出圆柱投影法，解决了这个难题。他想象地球被围在一个空心的圆柱里，再想象地心处有一盏灯，这样就可以将球面图形投射到圆柱上。当圆柱展开后，地图上任何一部分在各个方向上的比例尺都相等，而且经线和纬线相互交错，方便度量。这就是著名的墨卡托投影。

用这种方法将球体表面展开成平面后，既保证了真实的方向与距离，又保证了准确的经纬度。不过，这类地图的面积变化更加明显，尽管赤道附近的变化不大，但是越靠近极点的变化就越夸张。比如，格陵兰岛、南极洲等的大小都被夸大了很多。

实际上，不管用什么投影方法，所有的平面地图都以不同的方式，在不同程度上扭曲了真实地表的四个主要特征中的一种或多种，即面积、形状、距离和方向。也就是说，只有地球仪能够精确地表现地球的面貌，平面图将产生各种不可避免的变形。制图师只能综合各种投影方法的优缺点，选择最合适的一种。地图上常用的墨卡托投影法主要用于保证赤道附近国家疆域的准确性，而在两极附近，由于人类活动较少，即使变形较大，也不会造成很大的影响。

然而，星图与地图也有所不同。对于地图上无关紧要的两极地区，在星图上却是很重要的区域，例如赤道北天极附近，即拱极星所在的区域，其中包括北极星、大熊座的北斗星等。

在这种情况下，对于星图绘制中的畸变问题，我们可以注意到一些特征。例如，所有的纬线都相互平行，但是它们的长度随着从赤道到两极的距离变化而减小；所有的子午线在两极相交，并且长度相等；任何两条平行纬线所截子午线的长度都相同；所有的子午线和纬线都以直角相交。但是，当在平面图上绘制这些坐标网格时，上述特征中至少有一种无法满足，而这就会对精确地呈现恒星的位置造成影响。

不同视角下的星空

由于星图和地图各自所侧重的方向不同，从文艺复兴时期至 17 世纪，最受欢迎的星图绘制方式是所谓的梯形投影法，因为它使用起来更为简便。例如，拜耳的《测天图》和赫维留的《赫维留星图》的坐标都采用等间距的平行直线，但是子午线不一定会聚在同一点，而是呈现梯形效果。这样的投影可以用简单的直边来测量恒星之间的距离。但是由于会产生一定的畸变，这些星图常常只用来显示一小部分天区的范围，通常被用来绘制一个或数个星座的局部图。现在，这种投影方法已经很少使用了。

常用的星图投影方法可以分为三类：圆柱投影法、圆锥投影法和方位投影法。其中，圆柱投影法已在前面介绍过。圆锥投影法如同将天球放置在一个

拜耳《测天图》中猎户座的梯形投影。

圆锥体内，并沿着纬线与之接触，所得到的纬线为同心圆弧，且沿着子午线方向均匀分布。子午线则呈现为直线，正如在地球仪上一样，它们越靠近极点，相互间的距离就越小。圆锥投影法产生的畸变在各种星图中都比较小，这是一种至今仍经常使用的方法。波得于1801年出版的星图集采用的就是圆锥投影法。

在方位投影法中，天球的表面被投影到一个平面上，这个平面与天球在一点上接触。这种投影方法在星图中通常用来显示半个天球中的恒星和星座。它的中心位置一般都在极点，星图所显示的半个天球中的子午线间的距离从中心向外逐渐减小，因此靠近边缘的恒星图案将产生明显的“挤压”变形。

方位投影法也有多种不同形式，比如球心投影法就是方位投影法中的一种，它以球心为投射中心，将球面上的各点投射到相应的切平面上。在古代西方，

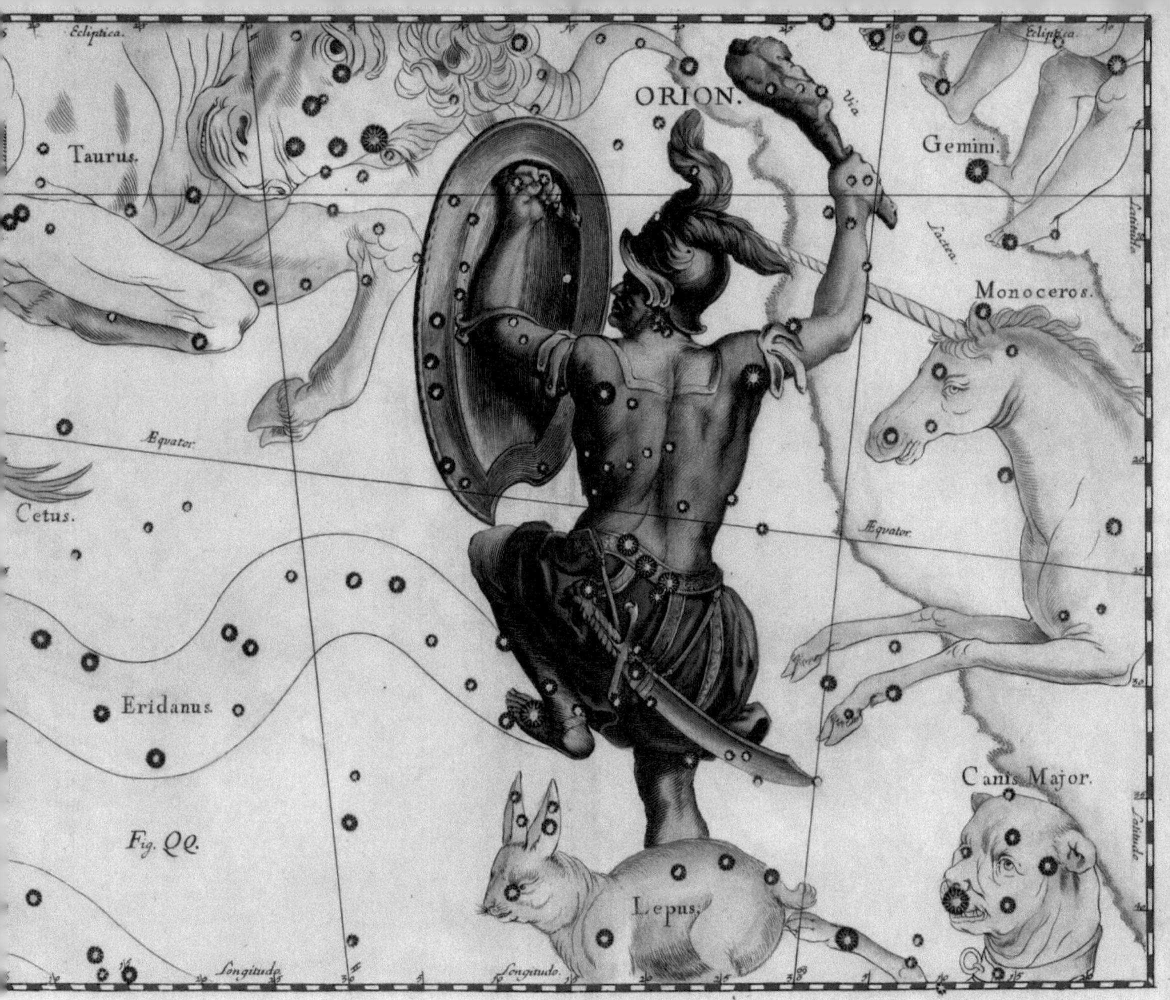

《赫维留星图》中猎户座的梯形投影。

球心方位投影法最早用于设计日晷，而开普勒在他的著作《蛇夫座脚部的新星》（*De stella nova*，1606 年）中也采用了这种投影法来绘制星座。

除了投影方法外，星图与地图相比还存在坐标系统和观看视角等差异。我们熟悉的地图通常都是上北下南、左西右东，其实在历史上并非总是如此。比如，在一些早期的西方地图中，人们会将从西欧通往耶路撒冷的方向（即东方）置于地图的顶部。

事实上，星图也有类似的情况。星图中黄道和赤道两种坐标体系占据主导地位。西方早期的星图为了突出黄道带的区域，多采用黄道坐标。从黄道向南北黄极各 90 度依次划分纬度，并且按惯例从白羊座开始计算黄道经度。因此，通过黄道坐标系统，可以根据黄道经度和纬度来确定天空中任何天体的位置，尤其是日月和五星的位置。这样在星占学中使用起来同样也比较方便。

不过，由于黄道面在空间上相对于地球不断变化，不利于观测，因此后来的恒星坐标逐渐转为赤道坐标系。在这个坐标系统中，天空似乎以每小时 15 度的速度由东向西绕赤极旋转，通过记录天体何时穿过子午线，可以很方便地确定其位置。值得一提的是，中国古代的天文学家更倾向于采用赤道坐标，而西方的天文学家更倾向于采用黄道坐标。

此外，在绘制星图时，还有天球内和天球外两个不同的角度，即是仰望星

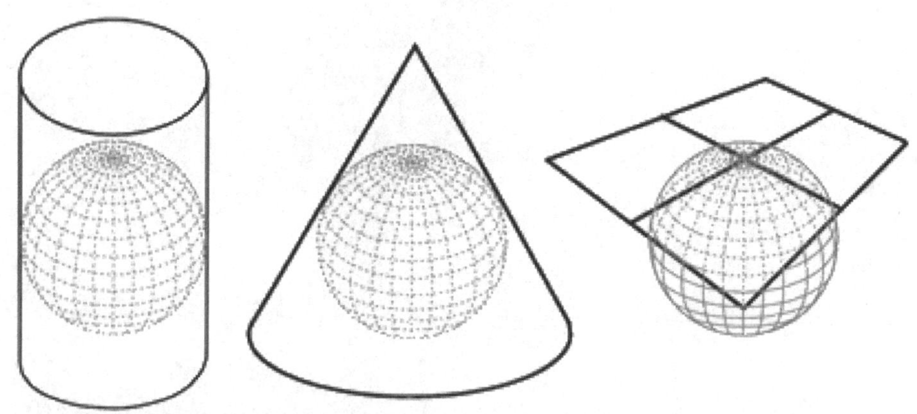

圆柱投影法、圆锥投影法和方位投影法示意图。

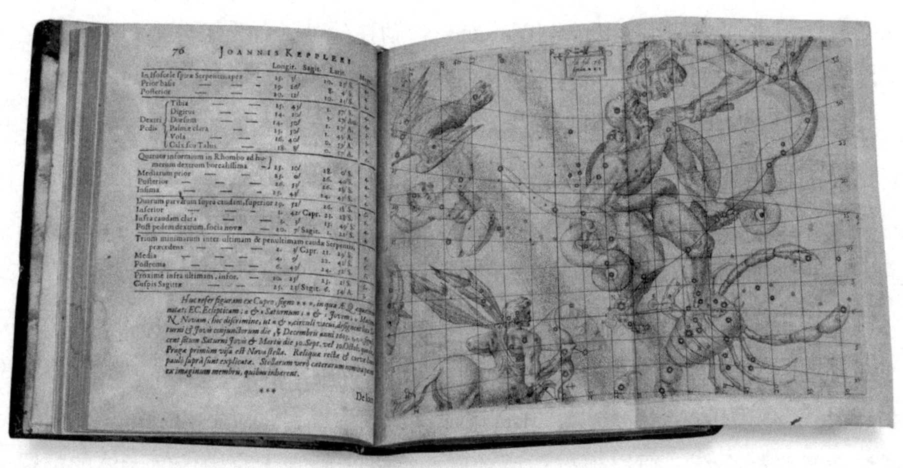

开普勒的《蛇夫座脚部的新星》。

空还是俯视星空。当我们仰望夜空时，这些星座的图像就会出现在我们的视野中，它们以顺时针方向排列，如前面提到的《波得星图》。但是也有一些星图会显示相反的方向，这是因为它们采用了俯视的“上帝视角”，如前面提到的《赫维留星图》。这种方向和我们仰望星空时看到的方向相反。就如同照射在镜子里的影像一样，两者呈镜面对称。在天球仪上，人们基本上采用俯视视角，但是在西方的平面星图中，这两种视角都会使用。但是，在中国古代，平面星图基本上都是仰望视角，因为这更符合中国人“抬头看天”的习惯。

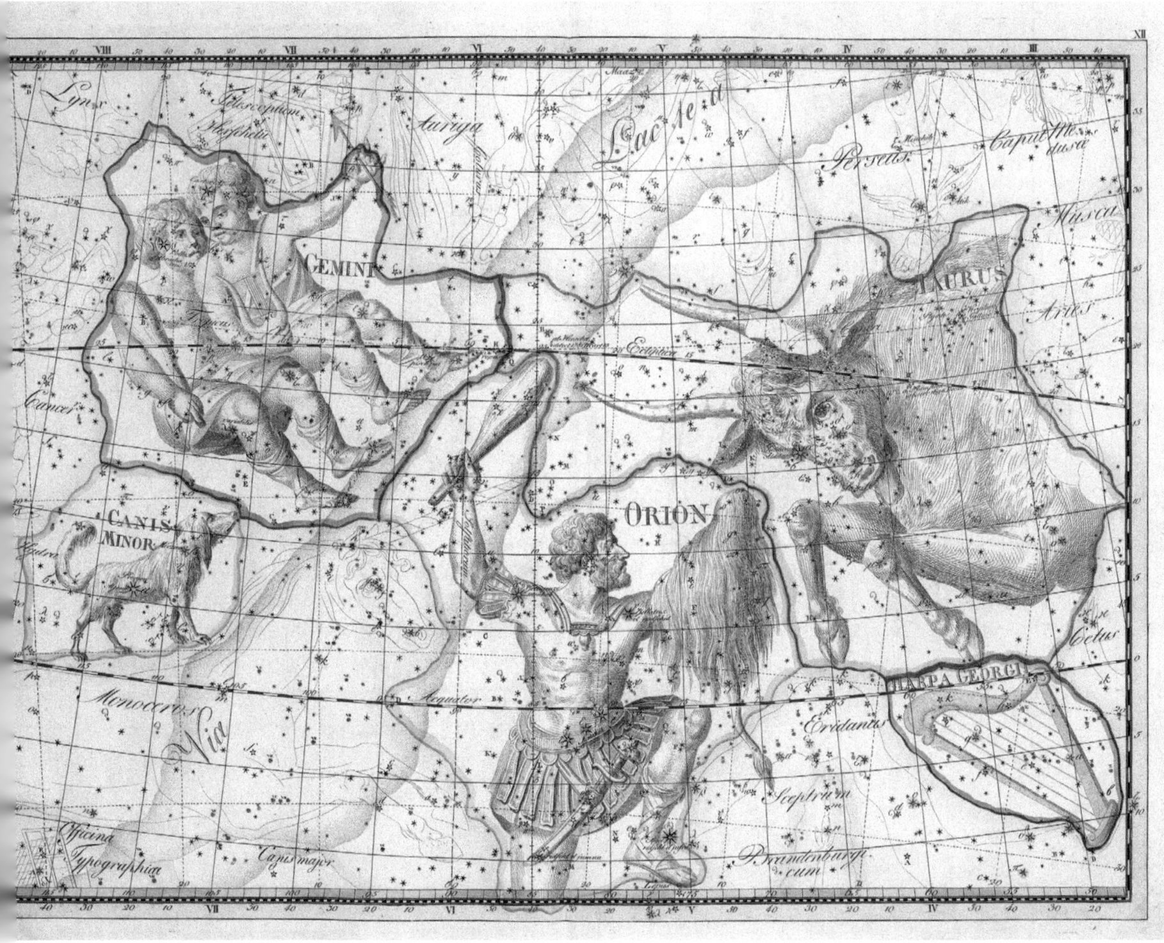

《波得星图》中的双子座、猎户座和金牛座。

法国天文学家拉伊尔（1640－1718）绘制的星图。拉伊尔是法国的一位天文学家、数学家。他年轻时曾移居威尼斯，在那里学习了四年的绘画和古典几何学。1678年，他成为法国科学院的一员，负责绘制太阳、月亮和行星的运动表格。1679年至1682年间，他还多次测量了法国的海岸线，并在1683年基于经过巴黎的子午线测量工作，帮助绘制精确的法国地图。另外，他还在巴黎天文台进行了大量的恒星观测活动，并且绘制有多种星图。拉伊尔的这幅星图的中间为黄道北极，其坐标体系以黄道坐标为主，但其中心下方的小熊座尾巴位置标注出了赤极，并以实线绘制出不同的子午线。

第9章　当北斗遇到大熊：西方星座在中国

苏东坡的烦恼

苏轼是唐宋八大家之一，更多的人习惯称他为苏东坡。说起苏东坡，大家想到的便是著名的文学家，他有很多脍炙人口的诗句，可谓妇孺皆知。其实，苏东坡不仅是一个文学家，还是一个政治家，只是他比较耿直，不会趋炎附势，更不会察言观色，所以一生大起大落，屡次遭受贬谪。史学家钱穆曾经说过："苏东坡诗之伟大，因他一辈子没有在政治上得意过。他一生奔走潦倒、波澜曲折都在诗里见。"

苏东坡曾说过这样一段话："退之诗云：'我生之辰，月宿南斗。'乃知退之磨蝎为身宫，而仆乃以磨蝎为命。平生多得谤誉，殆是同病也。"这段话的大致意思是，通过韩愈（字退之）的诗句"我生之辰，月宿南斗"推测，他是摩羯座，而苏东坡本人生于十二月十九日卯时，同样也是摩羯座。

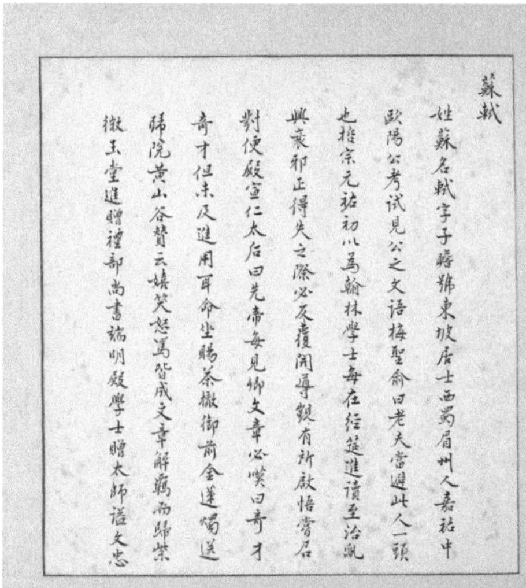

蘇軾

姓蘇名軾字子瞻號東坡居士西蜀眉州人嘉祐中
歐陽公考試見公之文語梅聖俞曰老夫當避此人一頭
也哲宗元祐初以爲翰林學士每在經筵進讀至治亂
興衰邪正得失之際必反覆開導覬有所啟悟嘗居
對便殿宣仁太后曰先帝每見卿文章必嘆曰奇才
奇才但未及進用耳命坐賜茶撤御前金蓮燭送
歸院黄山谷贊云嬉笑怒罵皆成文章解羈而歸紫
徽玉堂進贈禮部尚書端明殿學士贈太師謚文忠

《历代帝王圣贤名臣大儒遗像》中的苏东坡像。

苏东坡自以为与韩愈同病相怜，终其一生被人诋毁，命运极坏，算是不折不扣的“摩羯男”。可以看出，当时人们认为摩羯座的星宫通常预示着人生不如意，颇有今天所谓的“属羊命苦”的意味。此外，苏轼除了自嘲，他还不忘用摩羯座嘲弄一下好友马梦得，说“马梦得与仆同岁月生，少仆八日。是岁生者，无富贵人，而仆与梦得为穷之冠。即吾二人而观之，当推梦得为首”，以此来取笑马梦得比他还要倒霉。

自从韩愈、苏东坡将个人的身世与摩羯座相联系以后，后世的文人、士大夫纷纷“对号入座”，以此抒发身世浮沉之感，就像晚清名臣曾国藩曾经感叹的那样，“诸君运命颇磨蝎，可怜颠顿愁眉腮”。

那么，作为传统文人的苏东坡对西方的黄道十二星座何以如此熟悉呢？黄道十二星座从什么时候起被引入中国？西方黄道十二星座的概念最晚在 8 世纪左右就已传入中国，从明朝开始，整个西方星座系统也相继传入中国。

关于黄道十二星座，最早的中文文献是《大乘大方等日藏经》，这是由隋

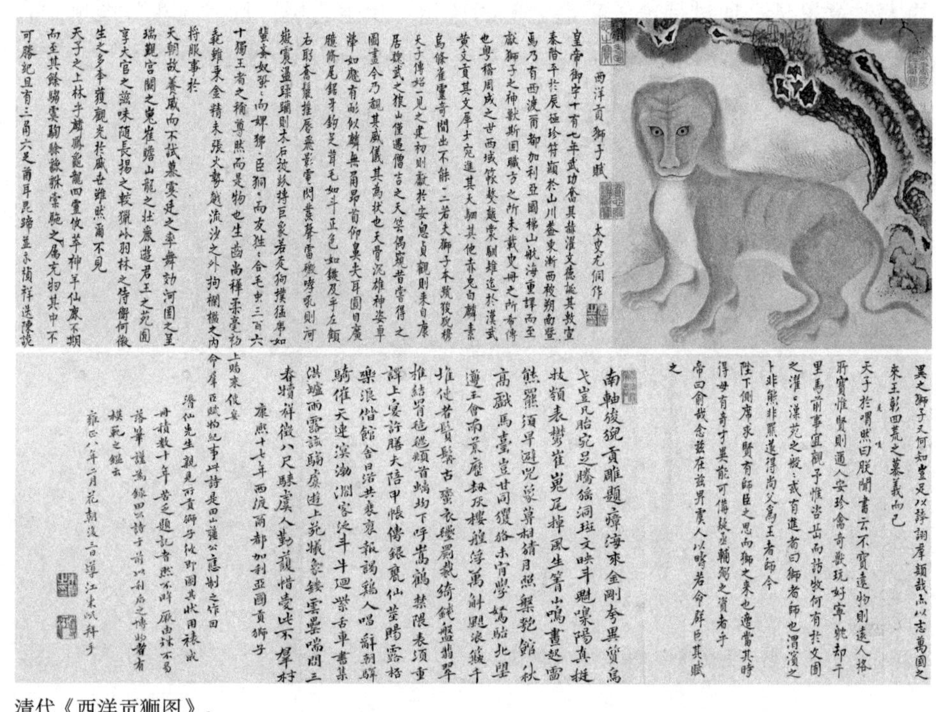

清代《西洋贡狮图》。

初天竺法师那连提耶舍（489 - 589）从印度梵文翻译而来的一部佛教经典。在这部作品中，有特羊、特牛、双鸟、蟹、师子、天女、秤量、蝎、射、磨竭、水器和天鱼十二个黄道星座的译名。虽然这些名称与现代译名有所差异，但基本上反映了中国早期对西方黄道十二星座的大致理解。这里的“特羊”和“特牛”，实际上指用于祭祀的雄性羊和牛。双子座则被解释为男女二人，称为“双鸟”，有“在天愿作比翼鸟”的意思。由于狮子在中国并不常见，一般只是作为外来的贡物出现，故被译为“师子”，佛家用以喻佛，指其无畏，有法力无边之意。

在十二星座中，最让人困惑的或许就是前面苏东坡提到的磨蝎，在佛经里也叫磨竭。在西方神话中，摩羯是羊身鱼尾的形象。根据古希腊神话，有一次宙斯宴请诸神，遭到怪物堤丰的袭击。众神大惊失色，纷纷变成各种动物逃窜。众神中的潘神因过分惊恐，变成头部与前肢似羚羊、身与尾成为鱼的模样。

在摩羯座传入印度之后，印度人就用神话传说中的猛兽摩伽罗（Makara）来指代摩羯。摩伽罗又名摩羯鱼，据说是一种由象、鳄鱼和鲸等动物混合而成

《洛神赋图》中的摩羯鱼。

的形象，具有翻江倒海的神力。因为印度人信奉佛教，摩羯的形象也被引入了当时的许多佛教作品中，人们认为它具有镇邪护身的功能。在宋摹本《洛神赋图》中就有中国较早的摩羯鱼形象，画卷中描绘有“鲸鲵踊而夹毂，水禽翔而为卫”的摩羯鱼簇拥云车的场面，其中摩羯的形象就是长着卷曲鼻子的巨鱼。

由于摩羯有着羊和鱼两种属性，似乎汉字“鲜”倒是很符合它的特点，但毕竟不够雅致。后来，为了切合羊身的形象，它的中文译名中的“竭”变成了“羯”，便有了“磨羯”和“摩羯”。“羯”字本意是被阉割过的公羊，而摩羯也成了当时唯一保留音译的黄道十二星座。

三国时期吴地四叶纹对凤铜镜。下方的半圆形中有螃蟹和瓶子等形象。

考古学家认为，在隋代之前，黄道十二星座等知识可能就已经零星传人中国。比如浙江出土的三国时期吴地四叶纹对凤铜镜中就有疑似巨蟹宫和宝瓶宫的图像，广西贵港出土的四叶纹瑞兽对凤铜镜中也有类似的巨蟹宫和宝瓶宫图像。然而，关于这些图像在传人中国之时是被视为明确的星象还是更多地被视为海外神兽和瑞物，目前仍无定论。

舶来的洋星座

自南北朝至隋唐，随着印度佛教的兴起，中印文化交流日益频繁，一些与星座有关的知识也传入中国，成为当时不折不扣的舶来品。汉译佛经中虽有较完整的黄道十二宫名称，但由于人们对其理解的差异，所以十二宫图像正式传入的时间相对较晚，其中以 1978 年在苏州瑞光寺塔发现的梵文《大隋求陀罗尼经咒》中的黄道十二宫图像最具代表性。

《大隋求陀罗尼经咒》是佛教徒随身携带并朗诵的禳灾咒语。在唐宋时期，由于密宗炽盛光陀罗尼信仰十分盛行，这类经咒在民间大量流传，用于消灾祈福。此外，密宗讲究咒语的发音，因此有些咒语仍以梵文的形式保留下来，《大隋求陀罗尼经咒》就是其中比较常见的一种。

《大隋求陀罗尼经咒》高 25 厘米，宽 21.2 厘米。该经咒刊于景德二年（1005 年），正中有一个高 8.5 厘米、宽 6.2 厘米的方框，方框内画有佛教经变故事。因为密宗是佛教发展到后期的一种特殊信仰形式，它认为“真言密藏，经疏隐密，不假图画，不能相传”，所以密宗佛经时常配有图像，目前所发现的《大隋求陀罗尼经咒》大多图文并茂。

《大隋求陀罗尼经咒》方框内图像左、上、右三方各镌墨线双圈四个，内绘有黄道十二宫图像，自左下方依次为白羊宫、天蝎宫、双子宫、巨蟹宫、天秤宫、狮子宫、宝瓶宫、双鱼宫、人马宫、金牛宫、室女宫和摩羯宫。框外四周有横排的梵文经文，共计四十七行。经文左右两侧各镌有线刻神像十四座，共计二十八宿。上部绘有花卉图案边饰，下部刻有题记。

由于中西文化的差异，经咒上的十二宫图像中的一些形象有明显的差异。

苏州瑞光寺塔梵文《大隋求陀罗尼经咒》中的黄道十二宫图像，依次为双子宫、人马宫、摩羯宫。

莫高窟第 61 窟甬道南壁上的《炽盛光佛图》。

宋代梵文《大隋求陀罗尼经咒》中的黄道十二宫图像。

比如双子宫呈现为男女二人并立形象，因此也常被称为阴阳宫；人马宫原本是西方神话人物半人半马族射箭的造型，由于梵文中意为“弓”，故呈现为弓箭形象；而摩羯宫则是保持了印度摩羯鱼的形象。

除梵文《大隋求陀罗尼经咒》外，我国现存较早的十二宫图像还有敦煌莫高窟第 61 窟十二宫像、河北宣化辽墓星图十二宫像等。其中，营建于五代时期的敦煌莫高窟第 61 窟为曹氏归义军节度使曹元忠的功德窟。在西夏统治敦煌时期，此窟甬道得到重修，新绘了《炽盛光佛图》等壁画，不过南北两壁下部壁画已损毁，只剩上面大半部分。

第 61 窟甬道南北两壁上各绘有一幅《炽盛光佛图》，其中南壁壁画上的炽盛光佛结跏趺坐于大轮车上，车尾插龙纹旌旗，九曜星神三面簇拥。画中云端列有二十八星宿，皆作文官装束，四身一组，共七组，但仅存五组。其间还绘有十二宫图案，现存九宫，自东往西依次为金牛宫、室女宫、白羊宫、摩羯宫、天秤宫、双子宫、巨蟹宫、天蝎宫和双鱼宫，人马宫、宝瓶宫和狮子宫则已脱落。壁画下部还有汉文和西夏文题名。

莫高窟第 61 窟北壁上的壁画与南壁相似，但残缺比较严重，九曜星神仅存其四，黄道十二宫仅存九宫，分别为白羊宫、天蝎宫、天秤宫、室女宫、摩羯宫、人马宫、金牛宫、宝瓶宫和狮子宫。

此外，在河北宣化辽代晚期张世卿墓中，还发现了一幅黄道十二宫的星象图。在这幅图中，十二宫的形象已经很明显地中国化。比如，人马宫不是西方人首马身射箭形象，而是绘成一人执鞭牵马；双子宫也不是西方孪生幼童形象，

莫高窟第 61 窟甬道南壁上的十二宫图像，依次为室女宫、巨蟹宫、天蝎宫、金牛宫、双鱼宫、天秤宫。

河北宣化辽代晚期张世卿墓星象图中的十二宫，依次为摩羯宫、人马宫、天蝎宫、天秤宫、狮子宫、巨蟹宫、双子宫和双鱼宫。

而是一对男女拱手而立。这些特征与瑞光寺塔梵文《大隋求陀罗尼经咒》有相似之处。

崇祯皇帝的屏风

崇祯七年（1634 年）农历七月的一天，负责督修历法的官员李天经（1579 - 1659）急切地等待着崇祯皇帝的召见。这天，他要向皇帝进呈一份特别的礼物，那是一件绘有星图的屏风。屏风一共八面，用绢制成，可以辗转开合。李天经为什么要向皇帝进呈这样的一件屏风呢？这就要从几年前说起了。

明朝末年，当时所用的历法《大统历》已经非常不精确。在崇祯二年（1629 年）的一次日食预测中，《大统历》出现了较大的偏差。当时的礼部左侍郎徐光启（1562 - 1633）建议利用欧洲的西方天文学来完善历法。徐光启在天文学、数学、农学等方面均有卓著成就，并且官至高位，具备为中西方文化交流开启先河的能力。尽管徐光启翻译了很多西洋历法著作，并将西方的天文学知识系统地介绍到中国，但是在随后与传统历法的较量中，西洋历法并没在日月食预测方面取得明显的优势，徐光启希望洋为中用改进历法的计划面临被搁置的危险。

为了使崇祯皇帝熟悉西方天文学，并增加他对西洋历法的兴趣，徐光启决定根据西方天文学绘制星图，并将其装饰在一件屏风上进献给皇帝。在他的愿景中，皇帝在日常欣赏屏风时，也许会对西方天文学产生更浓厚的兴趣，从而支持西洋历法。遗憾的是，徐光启在世时只完成了星图的图样。在他过世后，继任者李天经才最终将星图屏风完成并献给皇帝。

进献给崇祯的星图全名为《赤道南北两总星图》，此图制作极为精巧华美，在木版墨印之后予以填色。屏风星图共有八个条幅，中间圆形的赤道南、北星图（直径约为 157.8 厘米）各占三个条幅，另外两个条幅分别为徐光启和汤若望所题的“图叙”和“图说”，这是目前东方世界现存最大的一幅皇家星图。除了南、北两大星图，图中还有一些附图，在主图正中间的上方和下方各绘有一幅小星图。上面的这一幅是“古赤道星图”，这是中国古代传统星图的一种形式；另一幅是“黄道星图”，采用的是西方惯用的黄道坐标。

此外，在星图的四个角落还绘有天文仪器图，分别是赤道经纬仪、黄道经纬仪、纪限仪和地平经纬仪。这些仪器都是典型的西方仪器，其设计源自丹麦天文学家第谷。可以说，这幅屏风星图继承了中国传统星图的内容与特点，又融合了欧洲近代天文知识与最新成果，对中国星图的发展起到了承上启下的作用，具有十分重要的意义。

徐光启像。

这幅星图由徐光启主持测绘，德国传教士汤若望等参与绘制，因此也见证了中西方科学文化交流。在星座的命名上，图中凡我国古代已有的星名都沿用其名，凡我国古代没有的星名都翻译欧洲星座名予以补充。之所以采取这种方式是因为最初传教士们试图将完整的西方星座引入中国，但中国传统的星官体系难以与其兼容，而且中国人对西方神话更是难以理解，于是只好将在中国无法观测到且中国人不认识的南天星座以“增官”形式补充进来，其他星官则沿用中国的传统名称。我们可以想象，毕竟当时很

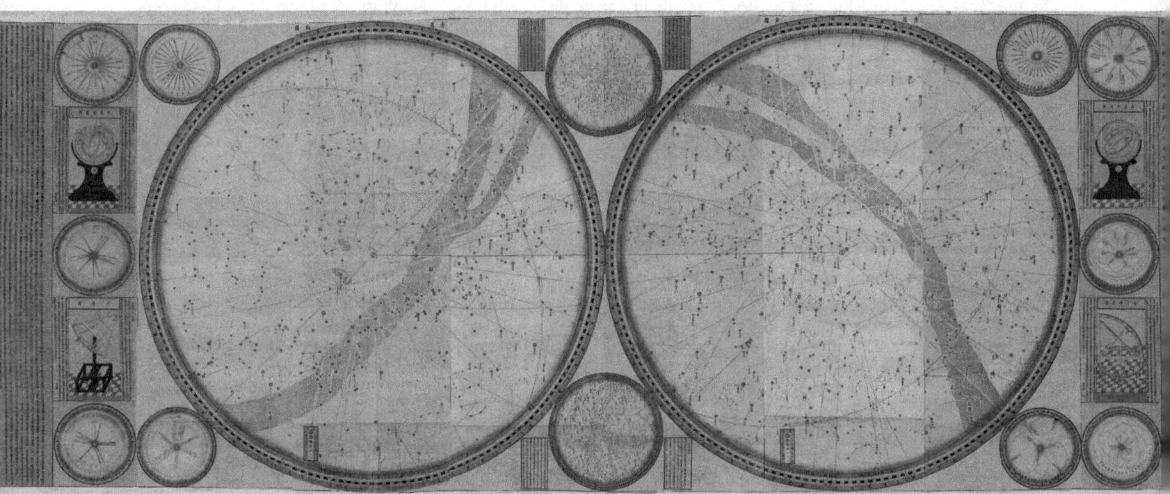
《赤道南北两总星图》明代刊本。

难让熟悉伏羲女娲的中国人去理解诺亚方舟的含义。

崇祯皇帝画像。

星图中的这些南天星官大多是西方大航海时代的产物，自然也引起了中国人的好奇心。举例来说，清康熙时期的著作《天元历理全书》就提到：“老人星下，尚有列星甚众，明大粲然，皆古所未识。近世好奇者，亦每从海客得所谓海外星占诸宿。”实际上，想要在当时将这些以奇异动物命名的星座翻译成符合中国习惯的名称是非常困难的，而直接音译更是令人无法接受，因此人们只好脑洞大开，展开想象异域的空间。比如，南天的印第安座是为了纪念哥伦布发现美洲，而当时的中国

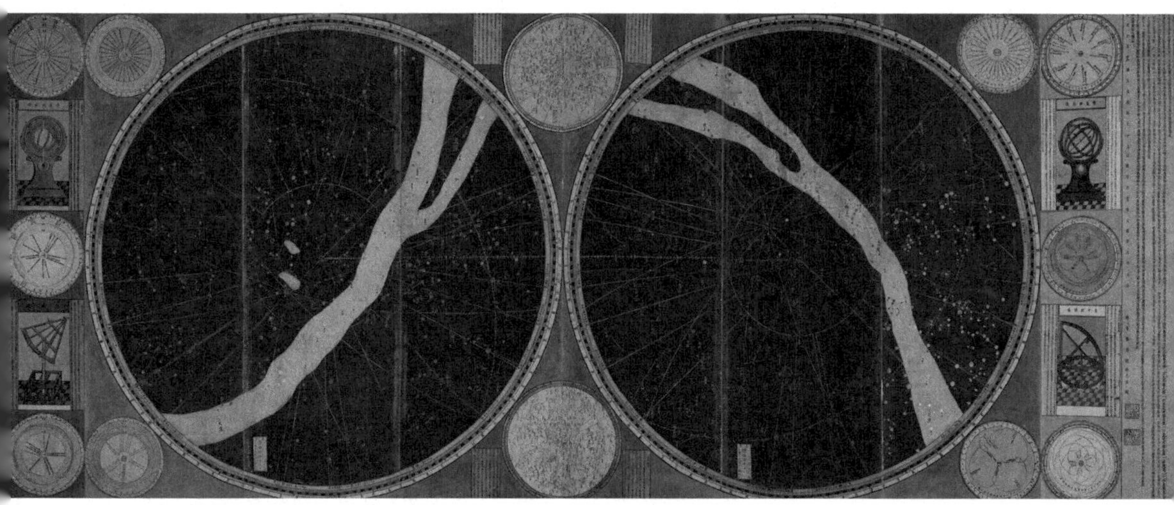
《赤道南北两总星图》清代重印本，系中国第一历史档案馆藏清刊本，2014 年入选《联合国世界记忆亚太地区名录》。

人不太容易理解，因此被翻译为中国人更熟悉的波斯。蝘蜓座的原型是变色龙，这是在非洲发现的一种奇异动物，当时中国人也不知道如何翻译，干脆就根据星座连线的形状取名为小斗。此外，“剑鱼”被翻译成“金鱼”，就连大麦哲伦云和小麦哲伦云也被分别赋予“附白”和“夹白”这两个看似高深莫测的名字。

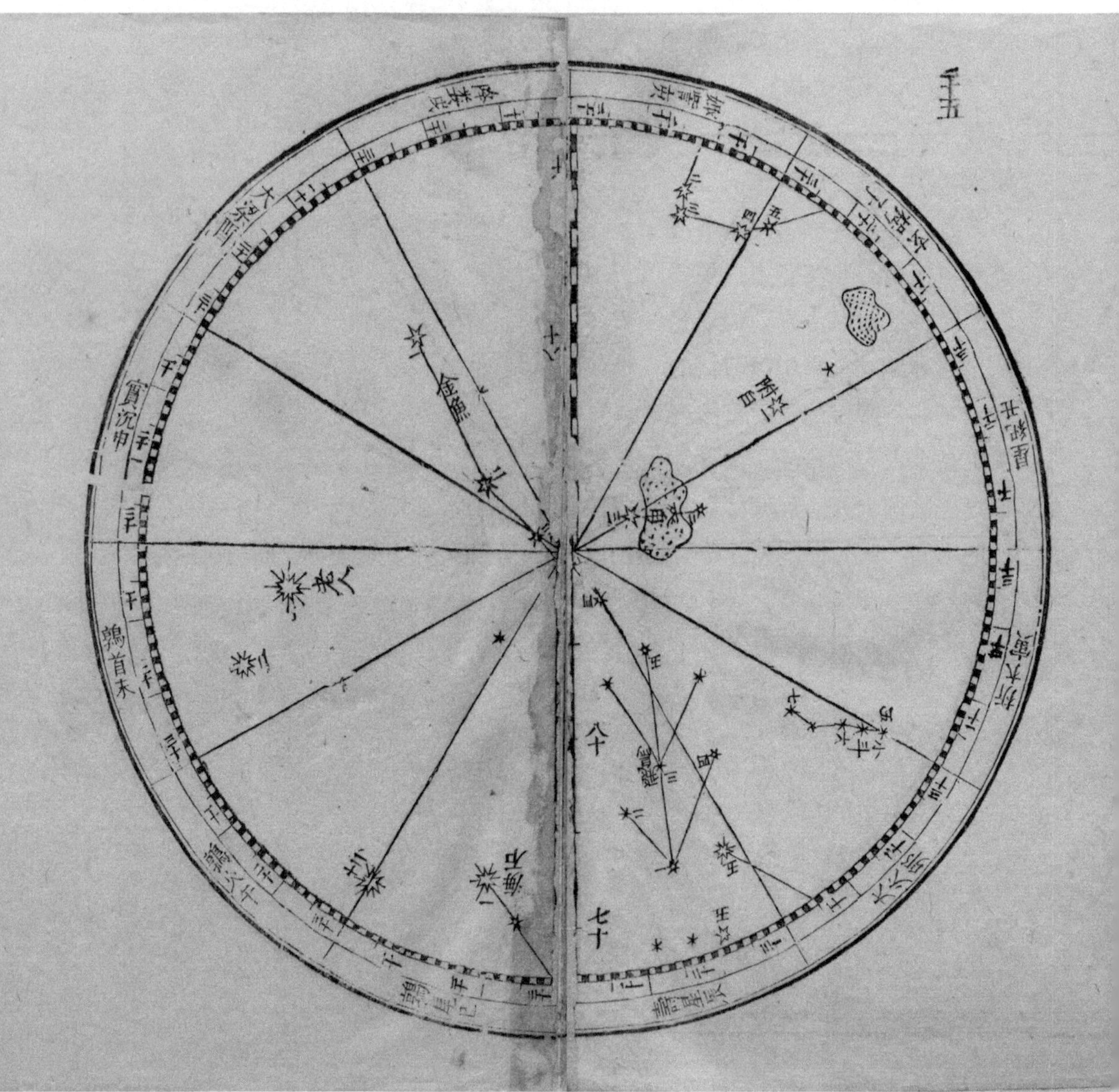

明代《崇祯历书》中绘制的南天极附近的星图，其中绘有星座金鱼、小斗以及星云附白和夹白等。

星名翻译的艺术

可以说，星座命名的差异是基于不同文化的一种现象。在文化的传播和交流过程中，某些星座名称的变化就显得很令人困惑。众所周知，很多现代星座的名称都来源于动物，但是有些显得十分奇特，比如鹿豹座。该星座最初由荷兰航海家普朗修斯创立，他的动机很简单，就是为了填补大熊座、小熊座和英仙座之间的一块空白区域。为了与这一片“瘦高挑儿”形状的区域相匹配，他使用《圣经》中的一匹骆驼来命名。这匹骆驼曾将亚伯拉罕之子以撒的妻子利百加送到以撒那里，让他俩结为伉俪。

但是，后来“*camelopardalis*”（骆驼）这个单词被误写为“*camel lepards*”（驼豹，长颈鹿的旧名），此后便以讹传讹，将长颈鹿这个名字固定了下来。但明

油画中的利百加和骆驼。

末的中国人对长颈鹿并不熟悉，如画作《明人画麒麟沈度颂》中对长颈鹿的描述为：“形高丈五，麇身马蹄，肉角膴膴，文采烨煜。”当时群臣得知外藩进贡长颈鹿后争先恐后前来一睹其真容。因此，在翻译长颈鹿座的名称时，人们将长颈鹿描述为有着豹子一般斑点的鹿，因此使用“鹿豹”这个名字也就不足为奇了，“鹿豹座”这个中文名字便错误地沿用至今。

明代职贡图《明人画麒麟沈度颂》中所绘的长颈鹿。

如前文所述，与黄道上每个月太阳的位置相对应的12个星座，由于其特殊位置和星占等功用，最晚在隋代就随佛教传入中国，但其他西方星座名称的翻译经历了漫长的过程。

明初，随着朱元璋下令组织翻译阿拉伯天文学著作，一些黄道十二星座以外的西方星座也开始陆续传入中国。《明译天文书》是一本译自波斯文的星占学著作，内容源自伊朗天文学家阔识牙耳（971 - 1029）的《占星术及原则导引》。该书的第一类第八门“说杂星性情”就提到了杂星“大小有六等，有大显者，有微显者”，这是关于星等概念首次传入中国的记载。

此外，该书还介绍了30颗亮星的译名、黄道坐标以及星占属性等信息。例如，该书中记载有人坐椅子象（仙后座）、人提猩猩头象（英仙座）、人拿拄杖象（猎户座）、人拿马牵胷象（御夫座）、两童子并立象（双子座）、大蝌象（巨蟹座）、妇人有两翅象（室女座）、人呼叫象（牧夫座）、缺椀象（北冕座）、人弯弓骑马象（人马座）、龟象（天琴座）、飞禽象（天鹰座）、鸡象（天鹅座）、大马象（飞马座）等星座。这些翻译过来的星座名称大多比较奇特，基本上是根据当时波斯文对西方星座形态的描述而定的。另外，和《明译天文书》一同翻译的著作《回回历法》中也有一份包含黄道附近 277 颗星的星表，其中除了黄道十二宫外，还提到海兽像（鲸鱼座）、人蛇像（蛇夫座）等星座。

明末，南极附近的部分星座已引入中国，不过当时只有一部分，而不是全部，而且译名和今名有所不同。当时的中国人大多以猎奇的眼光来看待这些星座。因此，这些星座的名称并未取代中国传统星官的名字。康熙年间，法国传教士傅圣泽（Jean-Francois Foucquet，1665 - 1741）在他的著作《历法问答》中曾翻译了法国天文学家腊羲尔（Philippe de La Hire，1640 - 1718）在巴黎所测的最有名的 64 颗星的星名。其中，除了黄道十二宫外，还包括海鳖（鲸鱼座）、天御手（御夫座）、巨人（猎户座）、虺蛇（长蛇座）、牧牛（牧夫座）、缠人蛇（蛇夫座）、冕旒（北冕座）、武人（武仙座）、鹏鸟（天鹰座）和屈锁女（仙女座）等。这也是西方星座早期的汉译工作之一。但是，傅圣泽的著作并未刊印，其译名也未对后世产生多大影响。

西方星座名称的全面汉译，其实是比较晚的事情。明清时期，随着《回回历法》和西洋历法的传入，一些新的西方星座名称引入中国，但是大部分不够全面。直到 19 世纪后期，西方近现代星座才在中国得以全面普及，特别是辛亥革命之后，中国天文学全面西化，西方星座最终在中国成为了主流。

在这个时期的作品中，最早较为全面地翻译和介绍西方星座的是光绪九年（1883 年）出版的《天文图说》，该书由英国人柯雅各撰写，美国人摩嘉立和薛承恩翻译。此书在介绍西方天文学最新知识的同时，也将西方星座名称全部翻译成中文。书中使用了星座名称的意译和音译，其中大部分星座采用意译（如大熊、天猫、鹿豹），也有一些用音译，如安多美大（仙女座）、比尔息武（英仙座）、阿乃安（猎户座），还有一些采用音义结合的方式，如亚哥船（南船座）。通常来说，书中对于以动物和器物命名的星座大多采用意译，而对于以西方神话人物命名的星座大多采用音译。

在《天文图说》之后，西方星座的名字又被反复翻译成了中文，当然这些

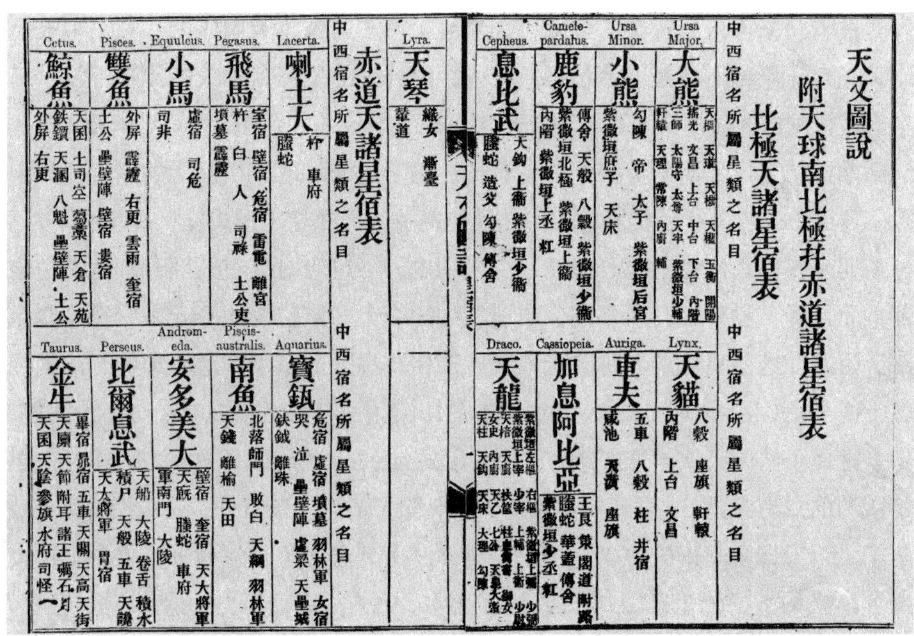

《天文图说》对西方星座的翻译。

译法也各不相同。宣传维新思想的革命家康有为也在其著作《诸天讲》中给出了自己的星座译名，他将仙女座和半人马座分别音译为“晏多罗美他”和“惊打路士”，天鹰座和巨爵座则分别译成“鹫”和“甕”。

随着 1922 年国际天文学联合会正式统一采用现代 88 个星座，西方星座的译名趋于固定。到了 1927 年编撰《恒星图表》时，星座译名除了“远镜”和“船舻”的译名外，基本上与现在使用的译名相同。到了 20 世纪 50 年代，“远镜”和“船舻”被分别改为“望远镜”和“船尾”。至此，现代 88 个星座的中文名称一直沿用至今。

当然，由于历史原因，有些星座的译名仍然存在不准确的地方，如前面所说的鹿豹座，此外还有蝎虎座（蜥蜴）、天鹤座（火烈鸟）、杜鹃座（巨嘴鸟）、天燕座（极乐鸟）和蝘蜓座（变色龙）等。这些动物的名字都与它们的真实形象不相符合。然而，由于约定俗成的缘故，现在已经很难再改正过来了。如此看来，给星座起个译名确实也是门不小的艺术。

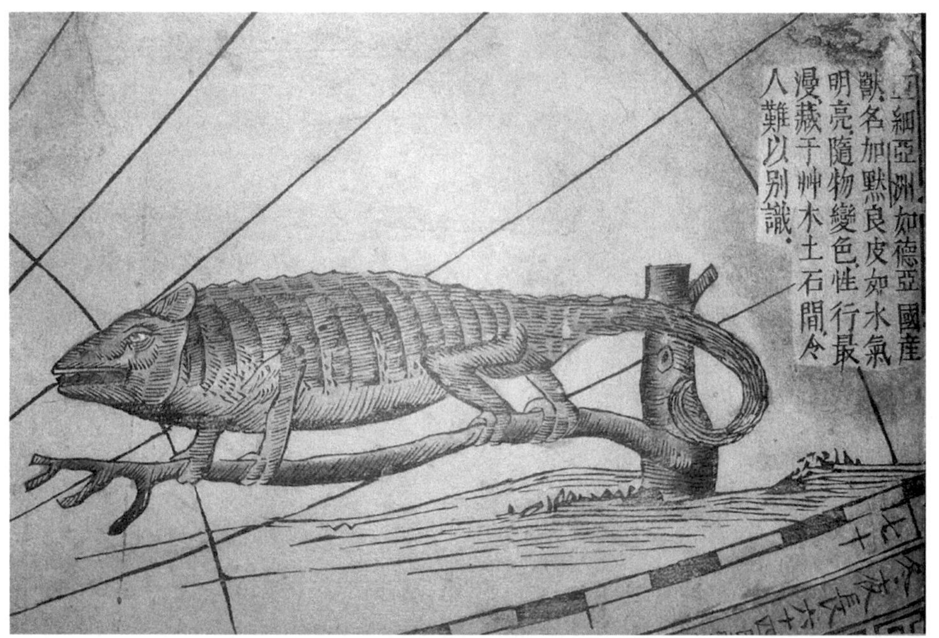

清代《坤舆全图》中记载的变色龙。图中记载的变色龙源自“如德亚国”，即《圣经》所记的迦南地，古代的犹太国。变色龙的特征被描述为“皮如水汽明亮，随物变色。性行最漫，藏于草木土石间，令人难以别识”。

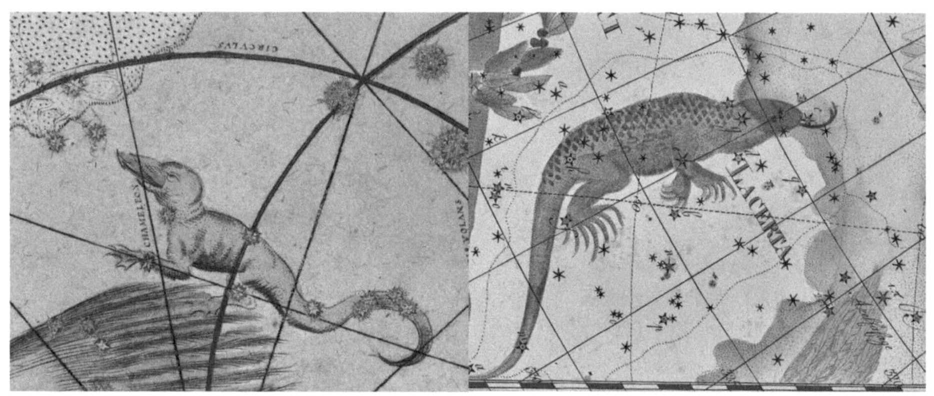

《拜耳星图》（左）和《波得星图》（右）中的蝘蜓座。蝘蜓是一种壁虎，但蝘蜓座的实际形象应该是变色龙。

▲ 托马斯星图中的印第安座和孔雀座。

▶ 巴蒂星图中的杜鹃座。

Toucan
Anser Americanus
urus

尾声　从依巴谷星表到中国天眼

1989 年 8 月 8 日这个闷热的夜晚，欧洲航天局（ESA）在南美洲法属圭亚那的库鲁航天发射中心发射了全球首颗天体测量卫星依巴谷。这颗造价与悉尼歌剧院建造成本大体相当的卫星，由当时欧洲最大的运载火箭“阿丽亚娜 4 号”发射送入太空。

依巴谷卫星的全称为依巴谷高精视差测量卫星，其英文缩写 *Hipparcos* 与古希腊天文学家依巴谷（Hipparchus，又译为喜帕恰斯）的名字刚好谐音。该卫星专门用于测量遥远恒星的视差，并由此计算它们的距离。经过 6 年的工作，依巴谷卫星测量了 100 多万颗恒星的视差，因为没有大气层的干扰，其精度比地面望远镜高数十倍乃至上百倍。

欧洲航天局于 1997 年正式公布了依巴谷卫星的观测结果，即包含全天上

依巴谷卫星。

百万颗暗至 11 等的恒星以及 1 万余个非恒星天体的依巴谷星表和第谷星表。这两份星表的资料随即用于编制千禧年的最新星图。

依巴谷星表中有近 12 万颗测量精度为千分之一角秒的恒星。这是一枚硬币在数千千米之外所能观测到的大小，难度相当于将硬币放在珠穆朗玛峰之巅，然后在北京进行观测。这也相当于你站在 1 米开外，测量对面人的毛发在 1 秒内的长度变化。尽管第谷星表的精度在百分之一角秒左右，不及依巴谷星表，但它包含了 100 多万颗恒星的大量数据。这些成果是 20 多年来 2000 多位科研人员努力工作的结晶，不过这依然不是人类的极限。

欧洲航天局于 2013 年 12 月 19 日发射了比依巴谷卫星更强大的盖亚卫星。与依巴谷卫星相比，盖亚卫星的精确度又提高了 100 倍。它配备有一个更大口径的轻型望远镜，由高度稳定的陶瓷碳化硅材料制成。它就像太空中的一台巨大的数码摄像机一样，面积近 1 平方米的 CCD 硅传感器可以一次记录下数百万颗恒星的影像。

盖亚卫星。

2016 年和 2018 年，欧洲航天局先后公布了盖亚卫星测绘的包含 10 多亿颗恒星的星表以及最为详细的银河系三维星图。这份最新的星表提供了 11.4 亿颗恒星的精确位置和亮度，以及 200 多万颗恒星的距离和运动信息。而那幅小小的银河系三维星图更是包含了 17 亿颗恒星。

2020 年 12 月 3 日，最新的数据表明，盖亚卫星已经获取了 18 亿颗以上恒星的位置和亮度、近 15 亿颗恒星的视差和自行，以及 15 亿颗以上恒星的颜色等信息。此外，还有 160 多万个银河系外光源的数据，包括恒星、球状星团和更遥远的星系。得益于这些精确的数据，盖亚卫星不仅可以探测到像月球这样的天体产生的仅几厘米的运动，还能预测未来不同星系的运动与分布情况。

科学技术的发展不仅使星图的信息更为丰富，而且使得星图的使用更加方便。下一页中的这幅看似不起眼的星图实际上是宇航员阿姆斯特朗和柯林斯等人在 1969 年乘“阿波罗 11 号”执行首次登月任务时用来导航的。尽管当时的宇宙飞船上也有一台计算机——阿波罗导航计算机，但是它只有 2KB 的内存以及 36KB 的存储空间，所以不能用于月球导航。这样的计算和存储能力甚至还不如今天可以播放音乐的电子贺卡。因此，一份纸质星图仍然是登月任务中不

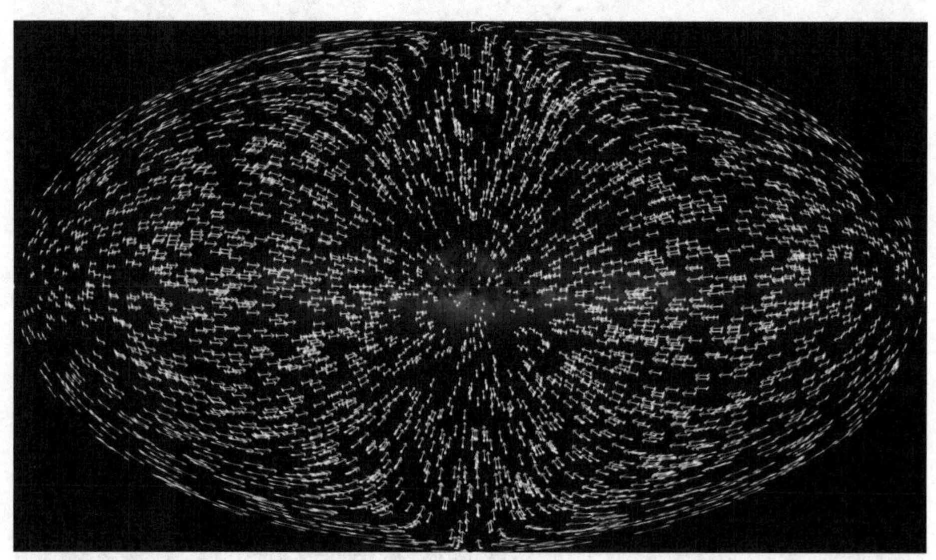

盖亚卫星观测到的太阳系加速运动对类星体运动的影响。图中显示了随机选择的 3000 个遥远的类星体的明显运动，每个类星体上的箭头表明其加速方向。

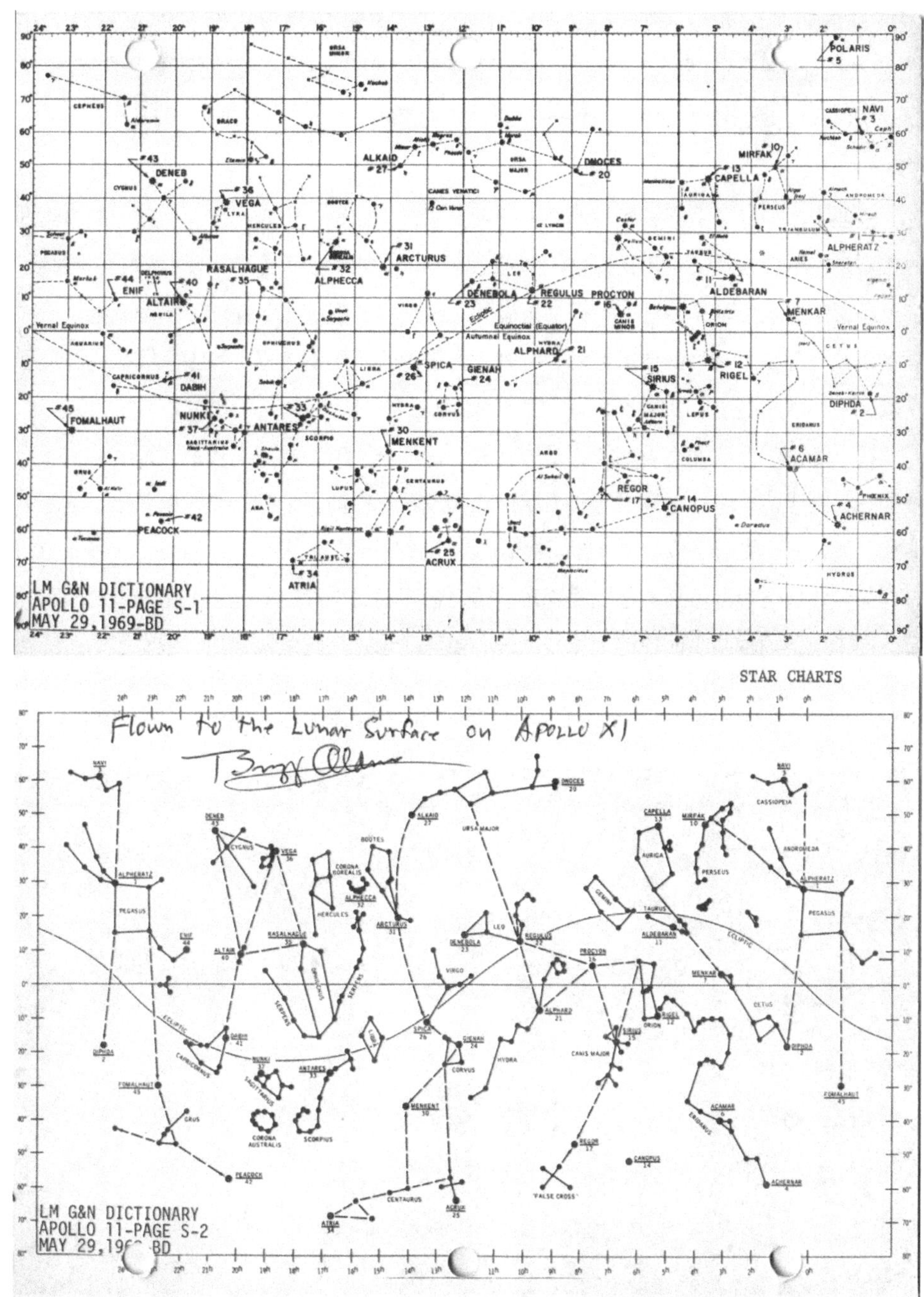
LM G&N DICTIONARY
APOLLO 11-PAGE S-1
MAY 29,1969-BD
POLARIS #5
NAVI #3
MIRFAK #10
CAPELLA #13
DNOCES #20
ALKAID #27
DENEB #43
VEGA #36
ARCTURUS #31
ALPHECCA #32
RASALHAGUE #35
ENIF #44
ALTAIR #40
DENEBOLA #23
REGULUS #22
PROCYON #16
ALDEBARAN #11
ALPHERATZ #1
MENKAR #7
ALPHARD #21
SPICA #26
GIENAH #24
SIRIUS #15
RIGEL #12
DABIH #41
FOMALHAUT #45
NUNKI #37
ANTARES #33
DIPHDA #2
MENKENT #30
ACAMAR #6
REGOR #17
CANOPUS #14
ACHERNAR #4
PEACOCK #42
ACRUX #25
ATRIA #34
Vernal Equinox
Autumnal Equinox
Ecliptic
Equinoctial (Equator)
STAR CHARTS
Flown to the Lunar Surface on APOLLO XI
LM G&N DICTIONARY
APOLLO 11-PAGE S-2
MAY 29,196_ BD

“阿波罗 11 号”导航星图。

可或缺的资料。如今我们只要打开手机，安装一些应用软件，就能获得极为精美和准确的电子星图。这些软件甚至可以利用手机的导航定位系统和陀螺仪，直接帮助你快速找寻和识别天空中的各种星体。

盖亚卫星拍摄了银河系和邻近星系的全天图，这也是迄今为止人类历史上最为精细的银河系恒星图。盖亚卫星目前的运行状态良好，预计可以工作至2025年。等到那个时候，它所积累的数据或将是目前的数倍。凭借如此高精度的星图，天文学家将能掌握关于银河系以及相邻星系演化的更多信息。另外，基于盖亚卫星的数据，科学家团队还开发了一款名为“盖亚星空”（Gaia Sky）的3D可视化天文软件。

在这幅图中，占据主导地位的是银河系，这个扁平的圆盘容纳了银河系中的大多数恒星。在图像的中间，银河系中心看起来非常耀眼。银河系中较暗的区域对应于星际气体和尘埃，它们吸收了位于星云后面更遥远的恒星发出的光线。

图中还散落有许多球状星团和疏散星团，它们通过相互之间的引力将恒星聚集在一起。图中右下角的两个明亮的天体是大、小麦哲伦云，它们是两个围绕银河系运行的矮星系。

盖亚卫星拍摄的银河系三维星图。

在一个远离城市灯光的地方，夜晚来临之后，在晴朗的夜空中你可以看见数不清的星星挂满苍穹。遥望着无边无际的星空，你或许像我们的祖先一样好奇。宇宙从哪里来？我们将走向何方？

从进入文明时代起，人们就开始对宇宙进行探索。日月星辰究竟与我们有着什么样的联系？这样的问题从来没有离开过我们的头脑。如今，相关的探索仍在继续，我们对星空和宇宙的了解远远超过我们的先辈们最富有创造性的想象。伴随着经济和科技的飞速发展，中国的天文学家也在和其他国家的科学家们一起，积极地参与探索星空的活动。中国的科学家在国家天文台的河北兴隆观测基地建造了先进的郭守敬望远镜（LAMOST），用于完成大规模的光谱巡天任务。现在，LAMOST 已经成功地获得了上千万条光谱数据，比世界上其他光谱巡天项目所获得的数据总数还要多。

在中国西南部贵州省青翠的山谷里，坐落着另一个世界奇观。那就是 500 米口径球面射电望远镜（FAST），其昵称为“中国天眼”。它的面积相当于 25 个标准足球场，其巨型球面上贴了 100 多万块纯铝片。

“中国天眼”毫无疑问是人类 21 世纪最伟大的工程之一，其任务就是解开有关宇宙起源的未解之谜以及探寻宇宙的早期历史，同时也让人类寻找外星

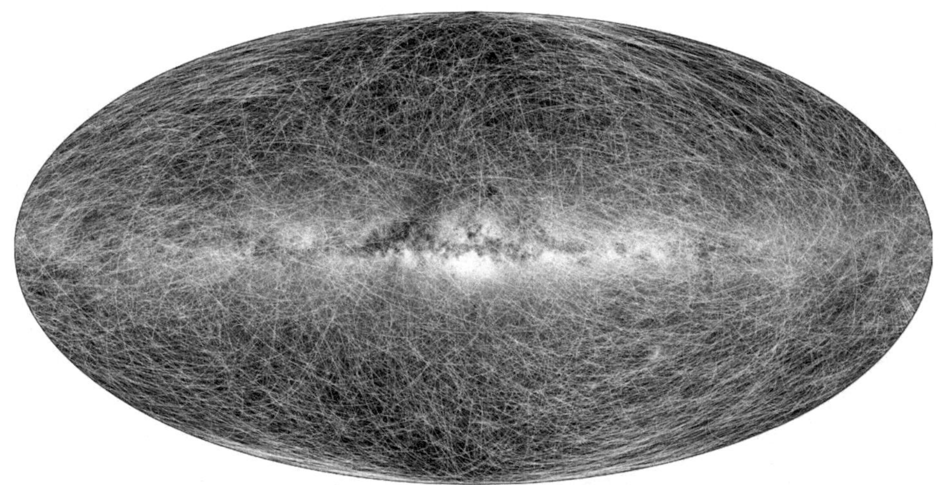

盖亚卫星观测数据反映的恒星运动情况。图中显示了 4 万颗不同的恒星在 40 万年内的运动情况，每条轨迹代表了一颗恒星的位移。

文明的能力一下子提高了 50 倍。利用它搜索到脉冲星，人们就可以通过它们自转的频率来搜寻时空结构中的涟漪——引力波信号。

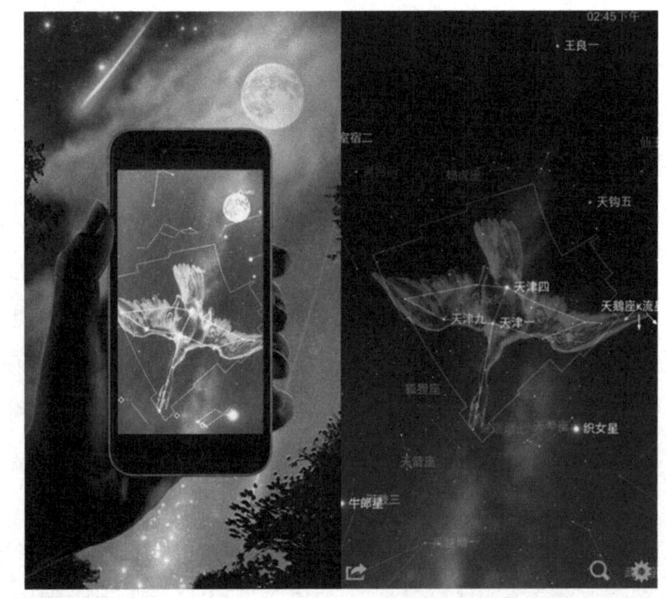

手机星图软件。

“中国天眼”就像一个超级巨大的收音机，能够探测到极其微弱的深空电波，而这些宇宙电波将被转化为人类可以听见和看见的信息。我们要做的就是花足够的时间和耐心去等待宇宙的回音，也许当我们遥望星空的时候，地外文明也在他们的星图上寻找我们，星图中的故事还会继续下去！

▼ 夜空下的 LAMOST。

中国的500米口径球面射电望远镜。

附录　历史上的著名星图

黄裳《苏州石刻天文图》（中国南宋，1247 年）

《苏州石刻天文图》是根据北宋元丰年间（1078 – 1085）的天文观测结果，由黄裳在南宋光宗绍熙元年（1190 年）绘制献呈，最后由王致远在南宋理宗淳祐七年（1247 年）刻制而成的。碑石上共刻有恒星 1400 多颗，银河斜贯其中，刻画清晰，银河分叉处非常细致。这幅星图因刻于石碑上，拓印非常方便，加之构图严谨规范，镌刻精致有序，故流传极广，影响深远。

伊斯坎达尔《命宫图》（帖木儿帝国，1411 年）

帖木儿帝国苏丹伊斯坎达尔是一位热心的藏书家和艺术赞助人，世界各地的图书馆都保存有不少为他制作的精美手稿。其中，伊斯坎达尔《命宫图》于 1411 年 4 月 18 日由宫廷天文学家和占星家阿尔卡西推算完成。《命宫图》绘出了 1384 年 4 月 25 日伊斯坎达尔出生这一天的命宫图像。

这幅图中绘有太阳、金星与火星的位置和星神形象，其中太阳位于金牛宫，金星位于双鱼宫，火星位于天蝎宫。《命宫图》外圈的金星和火星分别被描绘成抱琵琶者和持剑武士，内圈绘有十二宫。《命宫图》与莫高窟第 61 窟甬道南壁上的《炽盛光佛图》以及宣化辽墓星图有相似之处。

塞拉里乌斯《和谐大宇宙》（荷兰，1660 年）

安德烈亚斯・塞拉里乌斯（约 1596 – 1665）是一位生于德国的制图师，后因信仰新教，为逃避宗教迫害而定居荷兰。塞拉里乌斯在荷兰的霍伦编绘了一部百科全书式的天文图集《和谐大宇宙》，该图集由出版商约翰内斯・扬松纽斯编辑出版，共绘有 29 幅天文图，包括多种宇宙模型和星图。

《和谐大宇宙》不仅反映了当时天文观测的最新成果，而且介绍了天主教的宇宙观，展现了上帝所造宇宙的和谐之美，因此它未被列入罗马教廷编制的

《禁书目录》，成为 17 世纪最受欢迎的天文图集，多次被刻印，影响深远。这两幅图分别展示了以黄道南北极为中心的平面星图，其装饰和设计具有明显的巴洛克风格，是融科学、人文与艺术于一体的星图代表作，因此也常被誉为“世间最美星图”。

《天象列次分野之图》（朝鲜，1687 年）

《天象列次分野之图》是古代朝鲜最重要的星图之一，目前存有石刻碑两块，且有刊印本和拓片流传。它的内容主要源自中国古代星图，虽历经重刻，但它依旧保存了中国隋唐以前的部分星象。它也是传世作品中较早根据实测绘制的中国传统星图. 具有重要的科学和文化价值，同时也见证了朝鲜半岛同中国进行科技与文化交流的悠久历史。

长久保赤水《天文星象图》（日本，18 世纪）

日本的古代星图也明显地受到了中国和朝鲜文化的影响。元禄年间（相当于清康熙中期），日本天文学家涉川春海和涉川昔尹父子进行了一系列星象观测，绘制出了日本最早的星图《天文成象图》。他们还在所撰写的著作《天文琼统》中对中国的星座体系进行了补充，增加了 60 多个星官，形成了日本的三百零八星官系统。

据说《天文星象图》为长久保赤水（1717 – 1801）所作。他是日本 18 世纪著名的地理学家与天文学家，曾从事地理测绘工作二十余年，于 1774 年绘制了精确的日本地理全图。这幅星图中的赤道被绘成红色，黄道被绘成黄色，银河被绘成白色。此外，北极星、北斗七星以及二十八宿诸星也都被标成红色。

安东尼奥星图（意大利，1777 年）

安东尼奥·扎塔（1757 – 1797）是意大利威尼斯的一名制图师和出版商。他最重要的贡献之一就出版了名为《诺维西莫地图集》的四卷本世界地图。安东尼奥是一位多产的制图师，他的地图集涵盖了世界各地的许多国家，而且这些作品在准确性和艺术风格方面都非常出色。

安东尼奥也有一些星图作品，其中两幅图就是分别以赤道南北极为中心的平面星图，其设计风格借鉴了《赫维留星图》。在星图的四周装饰着当时著名的天文台景象。其中北天星图上有意大利的比萨天文台、博洛尼亚天文台、帕多瓦天文台和米兰天文台，南天星图上有欧洲的巴黎天文台、格林尼治天文台、卡塞尔天文台和哥本哈根天文台。

戴进贤《黄道总星图》（中国清代，1821 年）

德国传教士戴进贤(Ignaz Kögler，1680 – 1746)绘制有一幅《黄道总星图》。该图于雍正元年（1723 年）使用铜版印刷，此后在嘉庆和道光年间又采用雕版重印。这幅图即为道光年间的再印本，图形镌刻细致准确，具有明显的西洋风格，其装饰借鉴了意大利天文学家布鲁纳奇（1640 – 1703）的星图。

《黄道总星图》具有两个特点。第一，它采用了黄道坐标系，也就是说该星图以黄极为中心，分别绘制了黄道南北两幅恒星图。第二，星图中缝及四周绘有当时欧洲使用望远镜获得的诸多最新天文发现。例如，中部上方绘有太阳黑子，中间绘有水星位相，下方绘有月面山海；左上角绘有木星及其卫星，右上角绘有土星环及其卫星，左下角和右下角分别绘有金星位相和火星表面。

舒特莱夫星图（美国，1930 年）

伊丽莎白·舒特莱夫（1890 – 1968）是活跃在 20 世纪中叶的美国画家和艺术家。她生于新罕布什尔州的康科德，曾在波士顿美术馆艺术学院学习。作为一位杰出的女性制图师，她在 1926 年至 1930 年之间出版了一些与地图有关的重要作品。

这幅图是舒特莱夫为纽约的哈格斯特龙公司设计的一张星图海报，使用了红、黄、蓝、绿和靛蓝等色调，颜色对比非常强烈。图的上方注有使用方法，读者需要面朝南，将星图举过头顶，以寻找对应的星座。

从布局上看，星图的上下两部分都标注有各星座的名称与简介。图的上方装饰有两个小天使，一个在用望远镜进行观测，另一个在读英国经典儿歌《一闪一闪小星星》。图正中间的上下两个方向还分别绘有代表月亮与狩猎女神的黛安娜以及驾驶红色马车的太阳神阿波罗。图的右下角则为作者的签名。

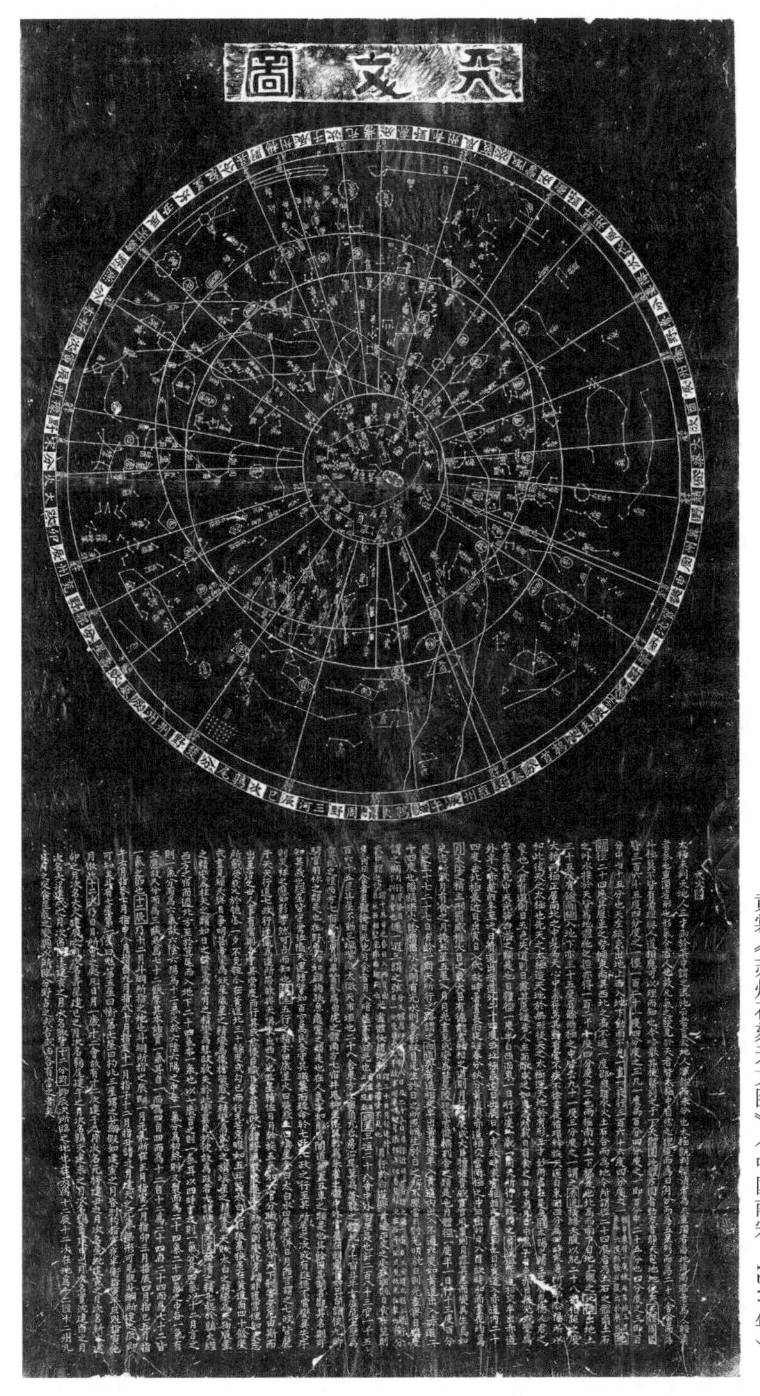

黄裳《苏州石刻天文图》（中国南宋，1247年）。

伊斯坎达尔《命宫图》（帖木儿帝国，1411年）。

塞拉里乌斯《和谐大宇宙》（北天）（荷兰，1660年）。

RIUM STEL
REALE
QVUM.
SCORPIO
acus.
SCORPIVS
LIBRA
Æquinoctialis.
Engonasi
Serpens
Corona Sept.
Arcturus
Spica Virginis
Corvus
Bootes
Draco
VIRGO
Æquinoctiorum.
Coma
Berenices
Vrsa
major
Iordanis flu.
Cor Leonis
Cancri
CANCER
LEO
VIRGO
LIBRA

塞拉里乌斯《和谐大宇宙》（南天）（荷兰，1660年）。

STELLATUM ANTIQUUM.
CAPRI CORNUS
AQVARIUS
AQVARIUS
Urna
PISCES
Indus
Grus
Toucan
Phœnix
Æquinoctium
Cetus
Balena
PISCES
Alsemcha
Capricorni
Æquinoctialis
ARIES
ARIES
Lepus
Orion
TAURUS
TAURUS
Aldebaran

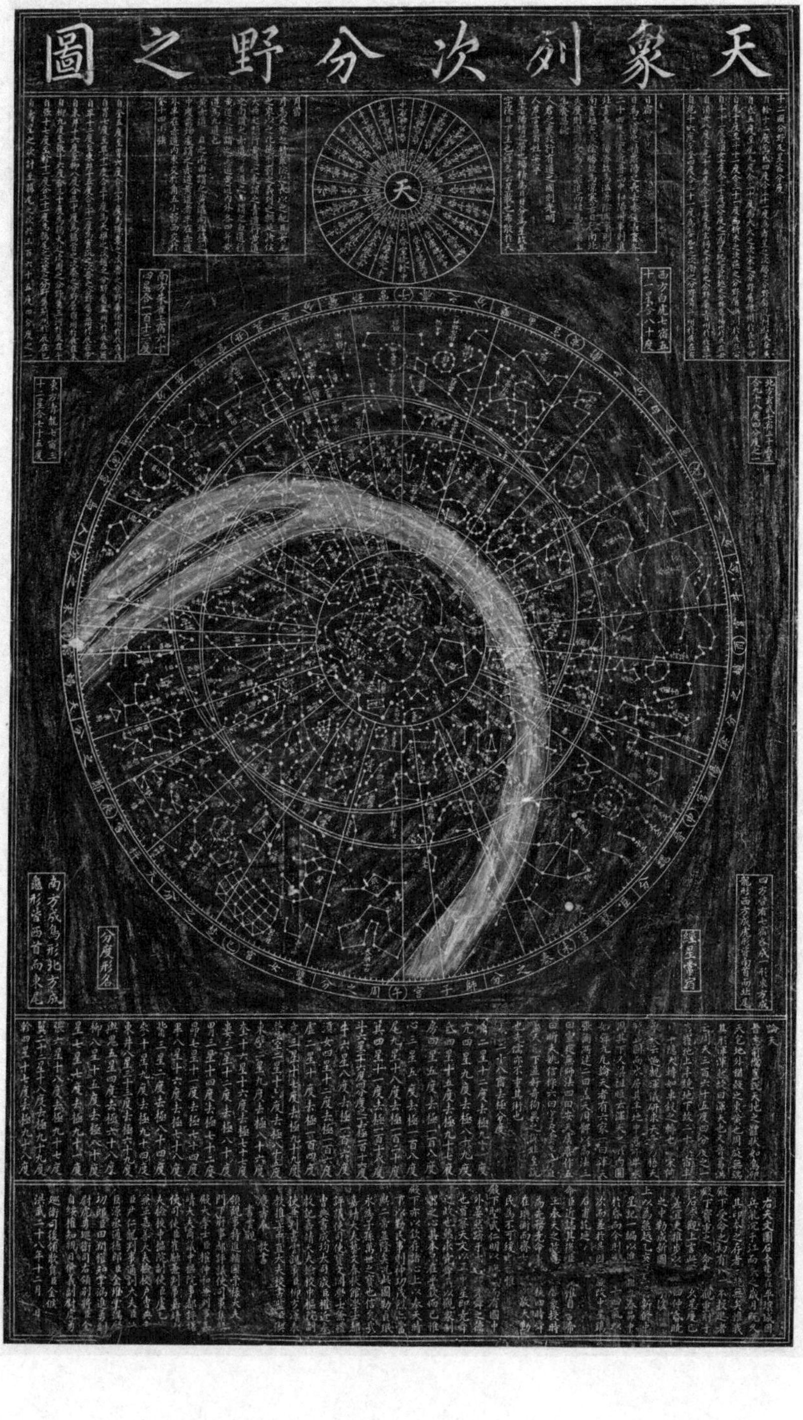

《天象列次分野之图》（朝鲜，1687年）。

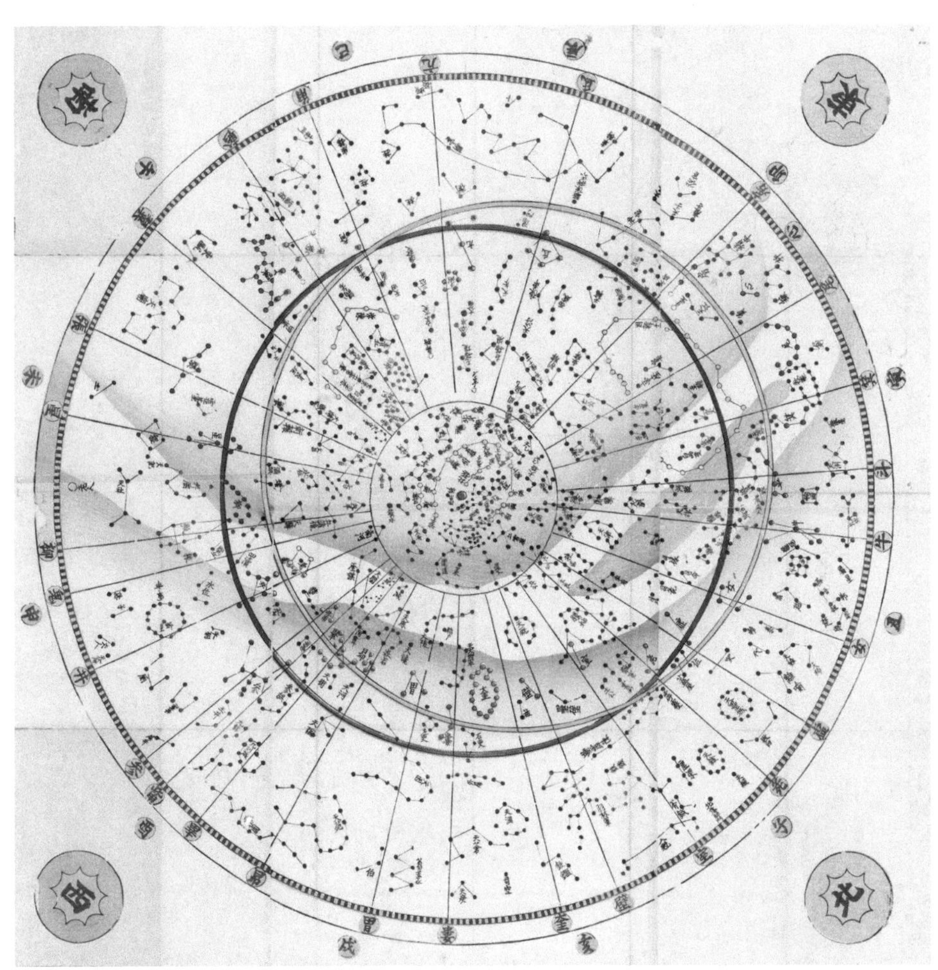

长久保赤水《天文星象图》（日本，18 世纪）。

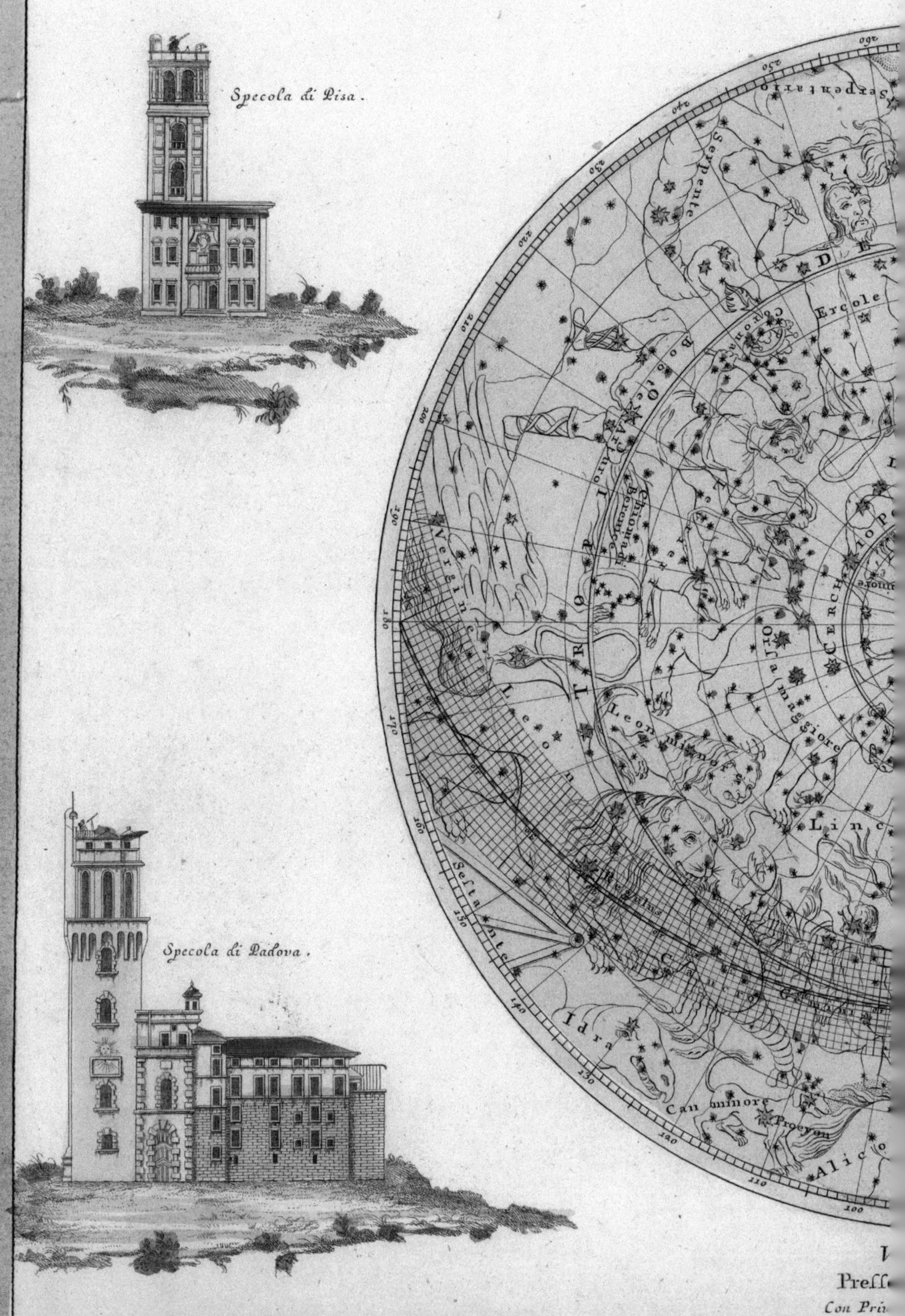

安东尼奥星图（北天）（意大利，1777年）。

E SETTENTRIONALE
EQUATORE.

tta

enato.

安东尼奥星图（南天）（意大利，1777年）。

STE MERIDIONALE

EQUATORE

Specola di Greenwich

Specola di Copenhaghen

atta

Senato.

1 2 3 4 5 6

Grandezza delle Stelle

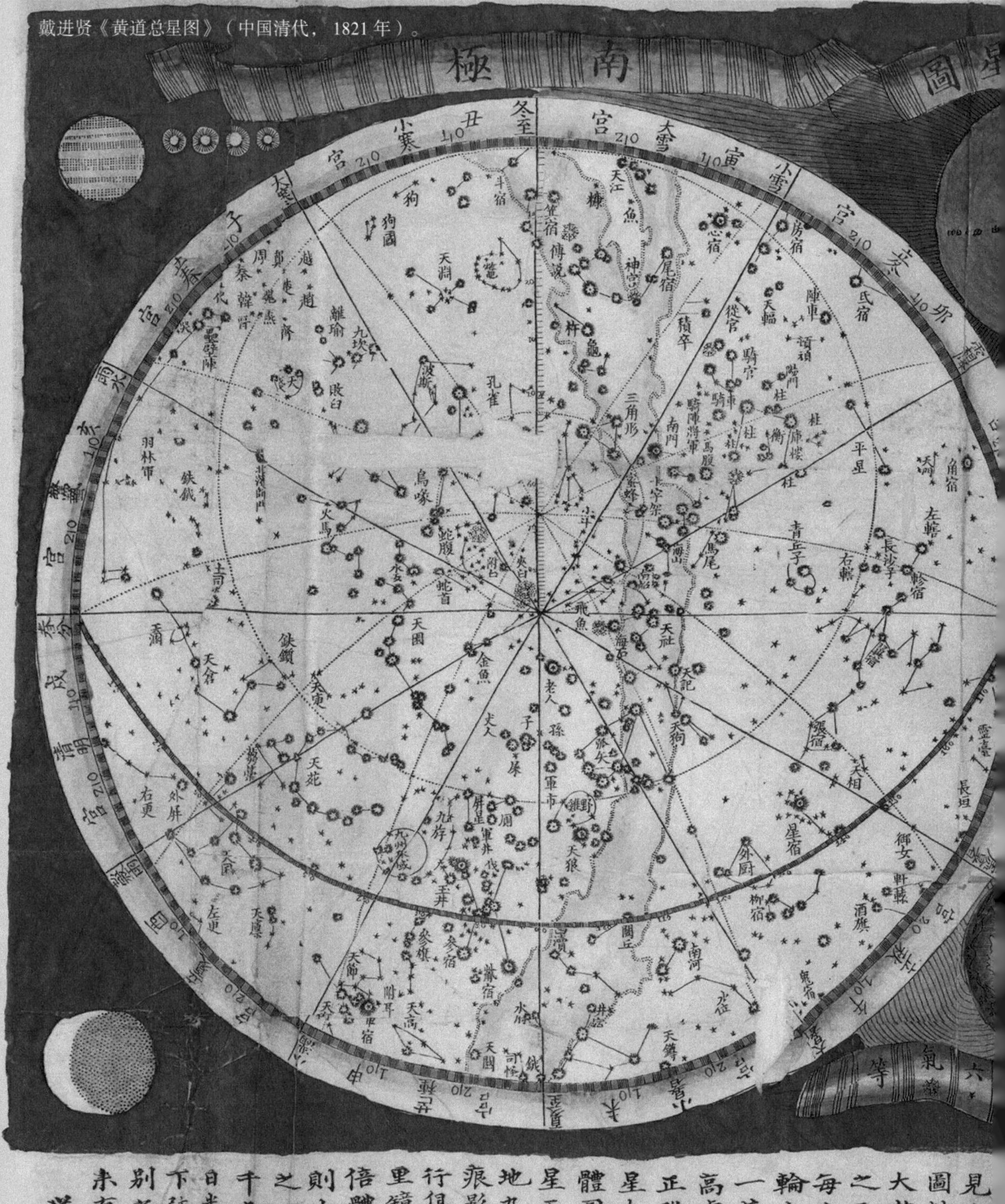

戴进贤《黄道总星图》（中国清代，1821 年）。

見小星瀟漂無數不可紀極圖外又有七政體象日之體大於地球一百六十五倍八之三有黯黲小點常自輪轉每十四日則週日面之徑月輪小於地三十三倍又三之一其體凹凸鑀鑐凸如山之高處凹如山之卑處因日光正照顯明影偏照生暗影土星大於地九十倍又八之一體圓而長其形如卵外有小星五點繞轉運行木星大於地九十四倍半面常有平抹痕影外亦有四小星旋體運行俱有定期可測然非大千里鏡不能窺火星大於地半倍體內亦有浮痕駁影金星則小於地三十六倍二十七之一水星又小於地二萬一千九百五十一倍其體俱借日光與月相似有盈虧有上下弦恒以居日之前後遠近別之此西人始立測法吉志未有者也正陽羅仲藩識

道光元年日在壁六度

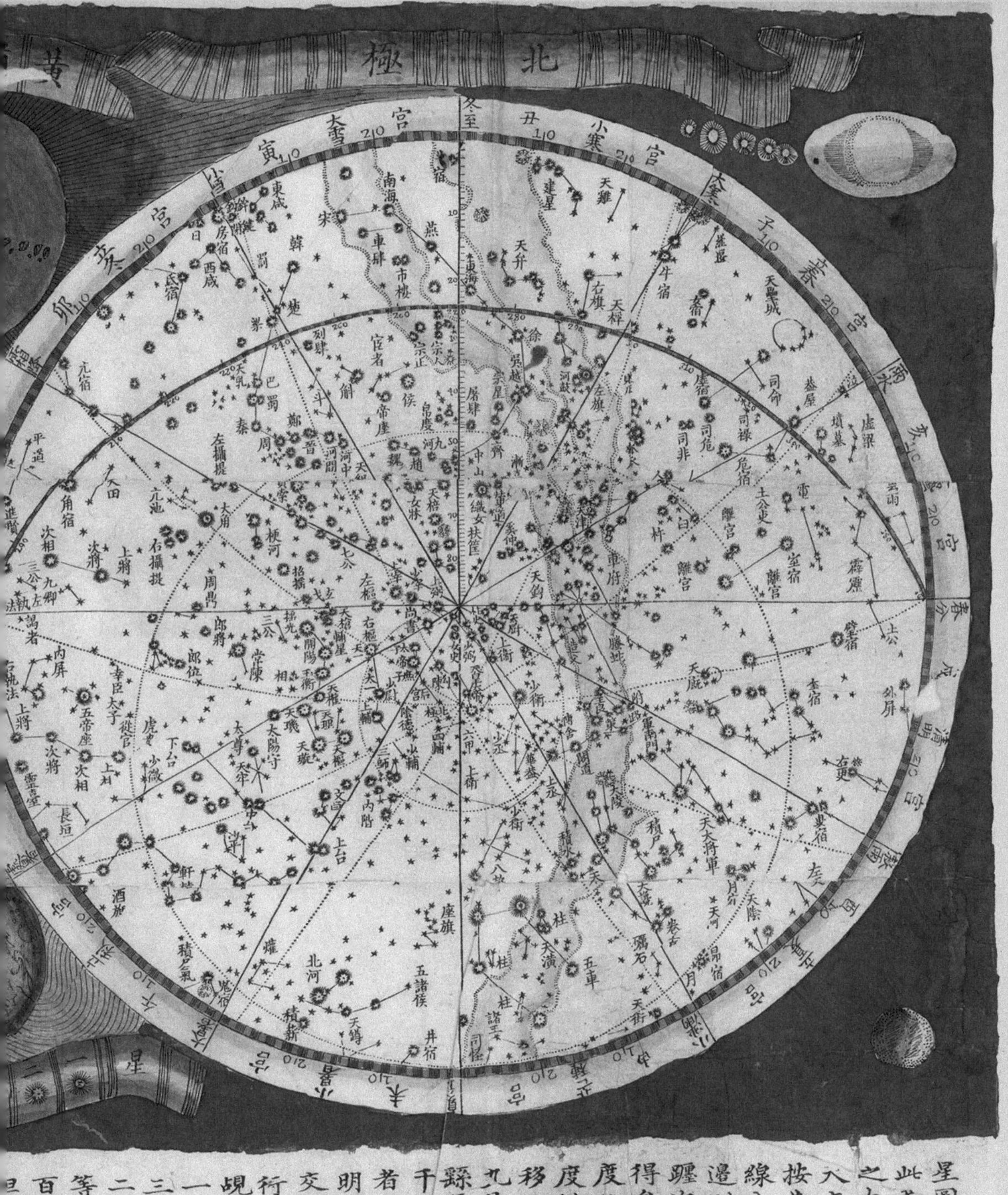

星圖總論

此天星真圖也通志謂天下之大學術十有六皆在圖譜天文其一也則圖尚焉茲圖按黃道規為南北兩圖以直線分十二宮每宮分三十度邊列宮名節氣隨之而太陽躔次視焉恒星經度按此可得矣又以丑宮線至中心分度九十為恒星緯度若論緯度從無變更經度則每年東移五十一秒計積七十年零九月移越一度是為歲差所繇自堯典月令遞推至今四千一百餘年而差五十餘度者端以此也圖有赤道安县明列經度每三十度虛線相交至南北二極則二曜五星行度遠近淩鬭合食衛自此覘之矣星形凡分六等最大一等十六星次等六十八星三等二百八星四等五百十二星五等三百四十二星六等七百三十二星通一千八百七十八星是總星之數也[illegible]

舒特莱大星图（美国，1930 年）。

MAP
SE MAP
NSTELLATIONS
tudes
Variable
any Inc.
TWINKLE, TWINKLE
LITTLE STAR,
HOW I WONDER
CANCER The Crab · Sent by Juno to pinch the toes of Hercules See the Cluster called Praesepe the Manger where two asses feed
CANIS MAJOR The Great Dog Follows Orion SIRIUS The Dog Star (white, breaking into red and green) CANIS MINOR The Little Dog PROCYON.
CAPRICORNUS The Sea-Goat He is Pan, who when attacked by Typhon, jumped into the Nile.. CEPHEUS King of Ethiopia Husband of Cassiopeia
CASSIOPEIA Queen of Ethiopia Mother of Andromeda "That starred Aethiop queen that strove to set her beauty's praise above The sea-nymphs' and their powers offended" Cassiopeia's Chair
COMA BERENICES "The streaming tresses of the Egyptian queen" CORONA BOREALIS The Northern Crown "And still her sign is seen in heaven, And 'midst the glittering symbols of the sky, The starry crown of Ariadne glides".
· CYGNUS · The Swan Also forms the Northern Cross. "Down the broad galactic river, Where the star-beams dance and quiver, Flies the swan with grace transcendent" . . . DENEB End of cross
SCORPION, ARCHER, and SEA-GOAT, The MAN that
NORTH
holds the WATERING-POT, And FISH with glittering tails.
ANDROMEDA
Mirach
Almach
PERSEUS
CASSIOPEIA
Capella
AURIGA
Castor
Pollux
GEMINI
CANCER
LYNX
The Bee Hive
PEGASUS
Markab
Scheat
Homam
Baham
Enif
CEPHEUS
Alfirk
URSA MAJOR
Polaris
URSA MINOR
AQUARIUS
DELPHINUS
CYGNUS
Gienah
Deneb
Sadr
LYRA
Vega
SAGITTA
Altair
AQUILA
DRACO
Thuban
Merak
Dubhe
Alioth
Mizar
Benetnasch
LEO MINOR
LEO
Regulus
Zosma
Chort
Denebola
HYDRA
CRATER
COMA BERENICES
Cor Caroli
CANES VENATICI
HERCULES
Great Cluster
Ras Algethi
OPHIUCHUS
CORONA BOREALIS
Mirak
Arcturus
BOOTES
Porrima
Zavijava
CORVUS
VIRGO
LIBRA
SERPENS
Yed
Unuk al Hay
Zubeneschamali
Zubenelgenubi
ORNUS
SAGITTARIUS
CENTAURUS
Antares
SCORPIO
tern Horizon
Western Horizon
July first
Nine P.M.
Elizabeth Shurtleff
SOUTH
ALGOL a variable, the Eye in the Head of Medusa · PERSEUS · Ready to slay the sea-monster, and cut the chains of Andromeda
· PEGASUS · The Winged Horse "He's not four-footed; with no hinder parts, And shown but half, rises the sacred horse" · PISCES · The Fishes That bore Venus & Cupid to safety
SAGITTARIUS The Bowman "Midst golden stars he stands refulgent now, And thrusts the Scorpion with his bended bow." · SAGITTA · "There lies an Arrow, from what bow it fell Near to the flying Swan, no poets tell".
SCORPIO The Scorpion Once he frightened Phaethon, who was driving the chariot of Phoebus Apollo, and was plunged into river Eridanus ANTARES (red) The Heart of Scorpio
SERPENS The Serpent "Vast as the starry serpent, that on high Tracks the clear ether, and divides the sky, And southward winding from the Northern Main, Shoots to remoter spheres its glittering train."
· TAURUS · The Bull "The White Bull opens with his golden horns the year." ALDEBARAN, the red eye of the bull PLEIADES on neck HYADES on forehead
URSA MAJOR The Big Dipper Callisto and her son were changed to bears "Onward the kindred Bears with footsteps rude, Dance round the pole, pursuing and pursued!" URSA MINOR POLARIS The Pole Star
· VIRGO · The Virgin Astraea, fair goddess of justice and purity. . . . The SPICA Wheat Ear, or The Solitary One. "Below the Waggoner's feet Lo! the Virgin, in her hand a glittering ear of corn"